黑龙江省精品图书出版工程

"十三五"国家重点出版物出版规划项目

材料科学研究与工程技术系列图书

U0184792

Eu^{3+}掺杂稀土发光材料的纳米与高阻效应研究

尚春宇　著

哈尔滨工业大学出版社

内 容 简 介

本书以 Y_2O_3：Eu^{3+}和 La_2O_3：Eu^{3+}纳米发光材料作为研究范例，基于理论分析与实验，深入探讨电荷迁移（Charge Transfer，CT）激发下 Eu^{3+}掺杂纳米发光材料发光中心的猝灭机理；基于发光中心猝灭机理的探讨，实现了 Eu^{3+}掺杂纳米材料发光效率的改善。本书研究了 Eu^{3+}掺杂纳米发光材料 CT 激发光谱的红移机理，探讨了 CT 能随材料纳米尺寸而变化的两种因素，揭示了 CT 激发光谱红移与发光效率下降这两种微观机制之间的内在联系。此外，深入探讨了低压阴极射线发光的饱和行为机理，以及荧光材料的高阻性与荧光亮度饱和特性的密切关联。凭借合适的导电成分在典型荧光材料中构建导电网络，实现了荧光材料导电性的改善。

本书内容翔实，可作为从事稀土发光材料以及场发射显示性能研究的广大科研工作者的参考用书。

图书在版编目（CIP）数据

Eu^{3+}掺杂稀土发光材料的纳米与高阻效应研究/尚春宇著. —哈尔滨：哈尔滨工业大学出版社，2021.8
  ISBN 978-7-5603-7746-9

Ⅰ．①E… Ⅱ．①尚… Ⅲ．①稀土族-发光材料-纳米材料-研究 Ⅳ．①TB39

中国版本图书馆 CIP 数据核字（2018）第 251899 号

策划编辑　王桂芝　刘　威
责任编辑　杨　硕　杨明蕾
出版发行　哈尔滨工业大学出版社
社　　址　哈尔滨市南岗区复华四道街 10 号　邮编 150006
传　　真　0451-86414749
网　　址　http://hitpress.hit.edu.cn
印　　刷　黑龙江艺德印刷有限责任公司
开　　本　787mm×1092mm　1/16　印张 9　字数 174 千字
版　　次　2021 年 8 月第 1 版　2021 年 8 月第 1 次印刷
书　　号　ISBN 978-7-5603-7746-9
定　　价　58.00 元

（如因印装质量问题影响阅读，我社负责调换）

前　言

随着稀土发光材料的发展与应用，高效纳米稀土发光材料的研究与开发成为理论探索和实际应用中十分引人注目的方向。相比于体相稀土发光材料，纳米稀土发光材料表现出了一系列独特的性质。这些独特的性质拓宽了稀土发光材料的应用领域，同时也带来了一些问题。为了确保纳米稀土发光材料的实用性，其发光效率亟待提高。很明显，首要的任务是弄清材料纳米化后发光效率的下降机理，这在应用研究层面和基础研究层面均具有重要的价值。

场发射显示机理为低压阴极射线发光，其集阴极射线管（CRT）优良的图像品质与液晶 LCD 轻薄的特点于一身，是处于研究阶段的具备潜在优良性能的显示方式，代表着显示技术的重要发展方向。稀土发光材料的高阻效应在低压阴极射线发光中表现明显，已经成为场发射显示发展中所面临的技术瓶颈之一。

本书基于理论分析与实验，深入探讨了 Eu^{3+} 掺杂稀土发光材料的纳米效应，揭示了发光中心的猝灭机理；基于发光中心猝灭机理的探讨，实现了 Eu^{3+} 掺杂纳米材料发光效率的改善；研究了 Eu^{3+} 掺杂纳米发光材料 CT 激发光谱的红移机理，指出了激发光谱红移与发光效率下降之间的内在联系；基于物理学基本原理，深入探讨了稀土发光材料在低压阴极射线发光中的高阻效应，揭示了稀土发光材料高阻性对发光饱和行为的影响，进而提出了抑制低压阴极射线发光饱和行为的方法。

本书由尚春宇撰写。作者在稀土发光材料性能的理论研究方面做了大量工作，取得了一系列重要成果，书中引用了作者在 SCI 期刊发表的 11 篇科研论文。特别感谢博士后科研启动资助基金（LBH-Q15124）、国家自然科学基金（51504085，11474038）的支持。在本书的撰写过程中，长春理工大学的郝永琴教授以及黑龙江科技大学边莉副教授提出了许多宝贵中肯的建议，我的家人和同事们也给予了大力支持和帮助，在此一并表示感谢。

由于个人及研究团队水平有限，书中可能存在不足之处，恳请读者批评指正。

作　者

2021 年 5 月

于黑龙江科技大学

目　　录

第1章 绪 论

1.1 稀土发光材料概述

在光学功能材料中，稀土发光材料占据着十分重要的位置。稀土元素具有独特的电子层结构，具有一般元素无法比拟的光谱学性质，因此稀土发光材料的应用格外引人注目，在照明、显示和检测三大领域中形成了很大的工业生产和市场消费规模。稀土发光材料具有许多优点：发射谱峰窄，因而发射光纯度高；对激发光吸收强，这是其光效较高的部分原因；物化性质稳定，因而可承受大功率激发辐射，如阴极射线、紫外光的高强度作用等；不同稀土材料的发射波段差异明显，因而具备宽泛的应用选择空间。在实际应用中，十几种稀土元素与多种合适的发光基质材料以及不同激发方式的组合构成了十分宽泛的稀土发光材料应用范畴。稀土系列元素离子的不同 4f 组态能级有近 1 700 个，而能级间的可能跃迁数量有近 20 万个，具有极大的选择应用空间，为相关技术提供了更多性能优越的发光材料和激光材料。目前，稀土发光材料已广泛应用于图像显示、辐射的检测与记录、高性能光源、X 射线、γ 射线等医学图像技术中，并在向其他高技术领域延伸。目前，随着光学功能材料的发展与应用，稀土发光材料已在固体发光领域占据了举足轻重的位置。美国国防部选出的 35 种高技术应用元素包括了除 Pm 以外的 16 种稀土元素，约占全部高技术应用元素数量的一半；在日本科技厅公布的 26 种高技术应用元素中，16 种稀土元素包括在内，超过了应用元素总量的 60%。稀土功能和应用的研究是 21 世纪化学领域的重要课题，发光是稀土功能材料光、电、磁三大功能中最突出的功能，稀土发光材料是稀土功能与应用研究的重要方向。

在种类众多的稀土发光材料中，Eu^{3+} 掺杂发光材料占据十分重要的位置，在照明、显示和检测领域中的应用最为广泛，这源于 Eu^{3+} 优越的光学性能和独特的光谱学性能。20世纪 60 年代，Levine 及 Palilla 等人开发了红色光稀土荧光粉（YVO_4∶Eu^{3+}），其性能明显优于当时所应用的红色光荧光粉的性能，替代应用后亮度提高了 40%。目前，在红色光荧光粉中，最具代表性的是 Y_2O_3∶Eu^{3+} 发光材料。Y_2O_3∶Eu^{3+} 发光材料能够满足作为高效荧光粉的所有条件要求，其峰值发射波长位于 611 nm，而其他波长处的发射光相当弱，因此颜色纯正。利用 Eu^{3+} 的荧光探针作用，可以研究无机固体材料、有机固体化合物和液相生物大分子的结构。Eu^{3+}的发射谱线会因周围晶体场作用的不同以及化学环境对称性的变化而变化，因此可以很准确地测定晶格格位种类、不同种类的数目及反演对称性等信息。作为Eu^{3+}掺杂发光材料，Eu^{3+}激活的螯合物具有激光特性，当有机配体吸收了光泵提供的能量后，将从其单态激发态转移至三重态。如果此三重态的位置高于Eu^{3+}的激发态，则可将能量传递给Eu^{3+}，使Eu^{3+}产生激光发射。在-150～30 ℃的温度范围内，Eu^{3+}在24个固体螯合物中可以产生激光。目前，Eu^{3+}激活的螯合物的激光特性及其应用正处在深入的研究中。

1.2 稀土元素基本知识

稀土元素是化学性质非常相似的一组元素，位于元素周期表的ⅢB族，包括钪（Sc）、钇（Y）和镧系元素。镧系元素是元素周期表中原子序数57～71的15种，它们是镧（La）、铈（Ce）、镨（Pr）、钕（Nd）、钷（Pm）、钐（Sm）、铕（Eu）、钆（Gd）、铽（Tb）、镝（Dy）、钬（Ho）、铒（Er）、铥（Tm）、镱（Yb）和镥（Lu）。

1.2.1 稀土元素原子的电子层结构

钪（Sc）原子和钇（Y）原子的电子组态为：Sc，$1s^22s^22p^63s^23p^63d^14s^2$，也可表示为$[Ar]3d^14s^2$；Y，$1s^22s^22p^63s^23p^63d^{10}4s^24p^64d^15s^2$，也可表示为$[Kr]4d^15s^2$；

镧系原子（Rare Earths，RE）的电子组态为：RE，$1s^22s^22p^63s^23p^63d^{10}4s^24p^64d^{10}4f^{0-14}5s^25p^65d^{0-1}6s^2$，也可表示为$[Xe]4f^{0-14}5d^{0-1}6s^2$。

镧系诸元素在电子构型上的共同特点是，电子在4f亚壳层内按原子序数的增大依次增加。4f亚壳层电子的轨道角动量量子数l为3，因而磁量子数m有7个允许值（-3、-2、-1、0、+1、+2、+3），即7个电子轨道。依据泡利不相容原理，各电子轨道最多被两个自旋相反的电子所占据，所以稀土元素4f亚电子壳层最多容纳14个电子。从镧（La）到镥（Lu）的诸镧系元素，4f亚壳层内电子数目从0依次增到14个。

根据有无5d电子，镧系原子的电子分布有两种类型，即$[Xe]4f^n6s^2$分布类型和$[Xe]4f^{n-1}5d^16s^2$分布类型。Pr、Nd、Pm、Sm、Eu、Tb、Dy、Ho、Er、Tm、Yb为$[Xe]4f^n6s^2$类型，La、Ce、Gd、Lu为$[Xe]4f^{n-1}5d^16s^2$类型。

1.2.2 稀土元素离子的价态特点

在与其他物质化合时，稀土诸元素一般倾向于从其5d、6s和4f亚壳层失去3个电子而呈+3价态，这是稀土元素的共同特点。

Sc和Y的+3价离子的电子组态为：Sc^{3+}，$1s^22s^22p^63s^23p^6$；Y^{3+}，$1s^22s^22p^63s^23p^63d^{10}4s^24p^6$。

镧系+3 价离子的电子组态为：RE^{3+}，$[Xe] 4f^n 5s^2 5p^6$。

依据洪特（Hund）定则对电子壳层分布稳定程度的解释，当电子的亚壳层（能量简并的电子轨道）被电子全填充、被电子半填充或者完全空着时，电子具有球对称性的分布，此时该壳层乃至该离子或原子是比较稳定的，如稀土离子中的 La^{3+}（$4f^0$）、Gd^{3+}（$4f^7$）、Lu^{3+}（$4f^{14}$）即为这种情况。Ce^{3+} 比 La^{3+} 多一个 4f 电子，Tb^{3+} 比 Gd^{3+} 多一个 4f 电子，因此 Ce^{3+} 和 Tb^{3+} 有失去一个电子而呈现+4 价的趋势。相反，Eu^{3+} 比 Gd^{3+} 少一个 4f 电子，Yb^{3+} 比 Lu^{3+} 少一个 4f 电子，因此 Eu^{3+} 和 Yb^{3+} 有得到一个电子而呈现+2 价的趋势。+3 价稀土离子价态变化趋势如图 1.1 所示。+3 价稀土离子在横线上按 4f 电子数顺序排列，而纵向竖直短线的方向及长度代表了价态的变化趋势和相对大小。

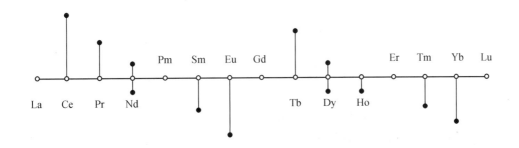

图 1.1 +3 价稀土离子价态变化趋势示意图

正因为稀土离子不同的价态变化趋势，因此某些稀土离子在不同种化合物中并不总是呈现+3 价，也可能有+2 价（如 Sm^{2+}、Eu^{2+}、Yb^{2+}）和+4 价（如 Ce^{4+}、Pr^{4+}、Tb^{4+}）——这属于非正常的价态。对稀土发光材料，当作为发光材料激活中心的稀土离子被激发（如在电荷迁移激发下）时，稀土离子的电子组态结构及相应的能态发生变化，而其价态也可能变化。电子在稀土离子不同能态之间的跃迁（实质为电子组态变化）实现了激发能量的吸收以及辐射发光。

稀土元素的价态是转换稀土发光材料发光性能的重要参量，材料的某些发光特性可以依靠改变稀土激活离子的价态而实现。如通过改变基质材料使 Eu 离子由+3 价转变为+2 价，则发光材料的主要发射峰将从红光波段移至蓝光波段。另一方面，价态不稳定可能造成不利的影响。如在绿色荧光粉 $MgAl_{11}O_{19}$：Ce^{3+}/Tb^{3+} 中，在紫外光作用下 Ce^{3+} 可能转变为 Ce^{4+} 而失去辐射跃迁特性。

掌握稀土元素价态变化规律及机制，探求稳定非正常价态的条件及控制方法，将对改善稀土发光材料的性能、拓展稀土发光材料的种类具有重要的指导意义。

1.2.3　稀土元素离子的能级与跃迁

稀土元素离子（La^{3+}、Lu^{3+}除外）具有未被填满的 4f 电子亚壳层，4f 电子的不同组态（不同的磁量子数及自旋）对应于不同的能级。稀土离子能级的位置及能级的分裂（简并的解除）受多种因素的作用，如电子互斥作用、自旋–轨道耦合作用、晶体场作用等。稀土元素离子的能级跃迁可能十分丰富，电子在不同能级之间的跃迁产生了大量的吸收及荧光光谱信息。+3 价稀土离子的 4f 电子组态能级如图 1.2 所示。

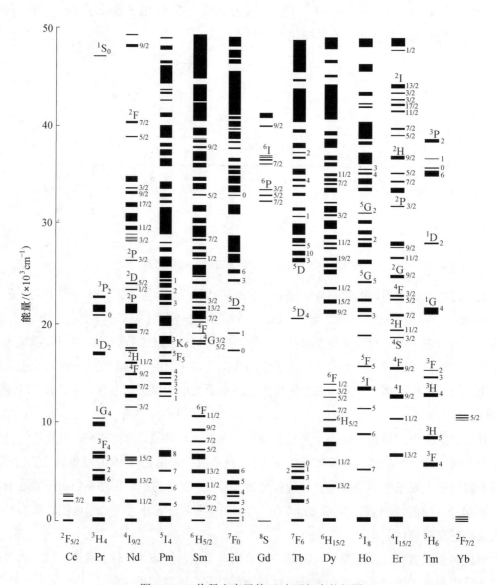

图 1.2　+3 价稀土离子的 4f 电子组态能级图

稀土离子 4f 组态能级之间的跃迁包括（受迫）电偶极跃迁和磁偶极跃迁，其特点为跃迁辐射光谱呈线状，荧光寿命长。由于 4f 亚壳层处于外部的 $5s^2 5p^6$ 满壳层的屏蔽之下，受外部环境的影响很小，因此发光波长基本不随基质材料的变化而变化。

除了 4f 能级跃迁之外，某些稀土离子（如 Ce^{3+}、Pr^{3+}、Tb^{3+}）以及具有 $4f^{n-1}5d^1$ 构型的 +2 价离子均具有 f-d 跃迁。其发光特点为发射光谱呈宽带状，强度高，荧光寿命短，而且受基质的影响明显。+4 价的稀土离子（如 Ce^{4+}、Pr^{4+}、Tb^{4+}）作为发光材料的激活离子可以被电荷迁移的激发方式所激发，其电荷迁移带处于较低的波段，吸收峰往往处在可见光区。

1.3 晶体势场对稀土离子发光的重要作用

电子在原子或离子不同能级之间的跃迁是要遵守特定的选择定则的，跃迁的性质不同，选择定则也不同。电偶极跃迁只能发生在宇称不同的能级之间，而磁偶极跃迁可以发生在宇称相同的能级之间。对于自由的稀土离子，其 4f 各个能级具有相同的宇称，也就是说电子在稀土离子各 4f 能级之间的跃迁并不伴有宇称性的变化，因此这样的电子跃迁可以是磁偶极跃迁却不能是电偶极跃迁。自由的稀土离子 4f 能级之间的电偶极跃迁是禁戒的，而磁偶极跃迁是允许的，但磁偶极跃迁是强度很弱的跃迁。自由稀土离子 4f 组态内部的这种电子跃迁特点，使自由稀土离子的激发效率以及发射效率相当低，根本不具有实际应用的可能。其激发态寿命很长，相比于一般离子或原子的 $10^{-8} \sim 10^{-10}$ s 的激发态寿命，自由稀土离子的寿命长达 $10^{-2} \sim 10^{-6}$ s。

当稀土离子占据基质晶格格位后，其 4f 电子组态处于附加的晶格势场之中，这一微扰作用可以使原来简并的 4f 能级（$(2J+1)$ 个）发生分裂，作为微扰的晶体势场对称性越低，能级简并的解除越彻底，分裂出来的能级就越多。但稀土离子 4f 能级的分裂程度（简并解除后）与外部附加势场的强度直接相关，由于外部 $5s^2 5p^6$ 满电子壳层的屏蔽作用，稀土离子 4f 电子实际受到的势场微扰作用很弱，因此能级简并可能解除但裂距很小，仅为 10^{-4} eV 的数量级。

对于稀土发光材料的发光来说，晶体势场的重要意义在为 4f 能级之间可以有较高强度的电偶极辐射跃迁创造了条件。若稀土离子处于具有反演对称性的晶体格位上，则其 4f 组态能级内不可能发生电偶极跃迁（被宇称选律所禁戒）而可以有强度很弱的磁偶极跃迁发生（对应的跃迁选律为：$\Delta J = 0$，± 1，但 $J=0$ 到 $J=0$ 的跃迁是禁戒的）。若稀土离子处于不具有反演对称性的晶体格位上，则晶体势场的奇次项可以将相反的宇称态混入 4f 组态。这样，4f 组态内的电偶极跃迁不再是完全禁戒的了，所发生的电偶极跃迁称为受迫电偶极跃迁（Forced Electric-dipole Transition）。某些跃迁（$\Delta J = 0$，± 2 的跃迁）对此效应相当敏感,只要稀土离子稍微偏离反演对称性格位,即可使此受迫电偶极跃迁在发射光谱中处于主导地位。

由上述可知,稀土元素是不能以孤立原子或离子的形式被应用的,而是要以化合物的组分或者基质材料中的替位杂质的形式应用于发光领域。

1.4　稀土发光材料的激发方式

对于稀土发光材料的辐射发光,所需激发能量可以有不同的输入方式,主要有 3 种:

（1）光致发光（Photoluminescence）:由电磁波来激发,激发波长一般处于紫外波段。

（2）阴极射线发光（Cathodoluminescence）:由电子束激发。

（3）电致发光（Electroluminescence）:由电流（电压）激发。

稀土发光离子吸收激发能量也主要有 3 种方式:

（1）稀土离子直接吸收激发能量从基态跃迁至激发态,包括 4f 组态内的跃迁和 4f 组态到 5d 组态的跃迁。

（2）基质晶格先吸收激发能量,然后传递给稀土离子,使稀土离子激发。

（3）电荷迁移（CT）激发。稀土离子与基质负离子配体（氧离子或卤族元素离子）构成发光中心,发光中心吸收能量后跃迁至电荷迁移态（Charge Transfer State,CTS）,发光中心从电荷迁移态退激发时其电荷迁移态能量使稀土离子在 4f 组态内激发。

阴极射线、γ 射线、X 射线等高能激发总是激发基质晶格,紫外光、可见光才能直接使稀土离子激发。如在 Y$_2$O$_3$:Eu^{3+}发光材料的激发光谱中,小于 230 nm 的波段对应 Y$_2$O$_3$基质激发,而大于 300 nm 波段的数条很弱的谱线对应 Eu^{3+}的直接激发,而在两者之间的宽谱带属于电荷迁移激发。

稀土离子在 4f 组态内的跃迁（f-f 跃迁）受到辐射跃迁选律的制约,这导致了稀土离子 4f 组态内的直接激发谱线很弱;而跃迁能级之间能量差是固定的,这又导致了激发谱线很窄。这些特点使得稀土离子 4f 组态内的直接激发效率很低,进而导致发光效率很低。相比于稀土离子的 f-f 直接激发跃迁,稀土离子的 f-d 直接激发跃迁的效率较高,这是因为此跃迁不受辐射跃迁选律的制约。具有失去电子而被氧化倾向的稀土离子,如二价稀土离子 Sm^{2+}、Eu^{2+}、Yb^{2+}等一般可以发生 f-d 激发跃迁。相比之下,电荷迁移激发是效率很高的激发方式,不受跃迁选律的制约而且激发能量分布宽,激发光谱表现为很强的带状谱。具有得到电子而被还原倾向的稀土离子（如具有变成二价离子趋势的三价离子 Eu^{3+}、Sm^{3+}、Yb^{3+}及四价离子 Ce^{4+}、Pr^{4+}、Tb^{4+}）掺杂的发光材料一般适于电荷迁移激发。对于 Eu^{3+},其 4f 组态内宇称禁戒的辐射跃迁的可能激发方式有两种,即基质晶格激发与电荷迁移激发。

1.5 Eu³⁺掺杂发光材料的电荷迁移激发

1.5.1 电荷迁移激发的一般性原理

对于电荷迁移激发，发光中心由中心离子和与其相互作用的配体构成。在许多文献中以谐振子模型来描述这种作用，即作为振动中心的中心离子是静止的，而配体在其平衡位置附近做趋近-远离中心离子的简谐振动。可以用位形坐标图（Configuration Coordinate Diagram，CCD）来研究发光中心的不同能态及电荷迁移的激发过程，在 CCD 中横坐标 R 表示配体相对于中心离子的位形坐标，纵坐标 E 表示基态以及电荷迁移态发光中心的能量，包括中心离子与其配体的相互作用势能，如图 1.3 所示。在该模型中配体在其平衡位置(R_0)附近的振动所受回复力与其位移成正比，即 $F=-K(R-R_0)$，由此决定了中心离子与其配体的相互作用势能为 $E_p=1/2K(R-R_0)^2$，相应的 $E\text{-}R$ 关系曲线为抛物线（g）。在电荷迁移激发下，发生电荷迁移后的发光中心处于电荷迁移态。在 CCD 中电荷迁移态发光中心的 $E\text{-}R$ 关系曲线（e）同样为抛物线，只是具有可能不同的平衡位移（R_0'）和键力常数（K'）。造成这些差异的根源在于发光中心化学键的变化，一般为电荷迁移态的化学键弱于基态化学键。

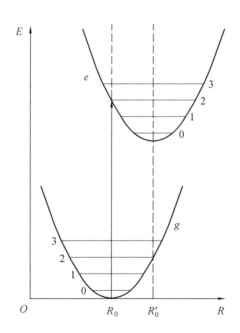

图 1.3 电荷迁移激发下发光中心的位形坐标图

（图中标出了发光中心的振动能级（$n = 0$，1，2，…））

根据弗兰克-康登（Frank-Condon）原理，在 CCD 中，当发光中心吸收了激发能时，将由基态垂直地跃迁至激发态。这是因为从基态到激发态的跃迁是快速电子迁移过程，在电子迁移过程中，可以认为发光中心的中心离子与其配体间的相对位置未发生变化。激发之后发光中心化学键发生变化，而配体的弛豫运动（$R_0 \rightarrow R_0'$）是相对较慢的过程，只有稍后才占据新的平衡位置。

根据量子力学基本理论，配体作为谐振子，其振动能量是量子化的，为

$$E_n = \left(n + \frac{1}{2} \right) \cdot \eta \omega$$

式中，n 为振动量子数，$n = 0$，1，2，$\cdots$，对应不同的振动能级；ω 为振动角频率。

这些振动能级的波函数是已知的，对研究内容最重要的信息是在最低振动能级（E_0）时系统最有可能处于 R_0 点；反之，当 n 越大时，系统越趋于偏离 R_0 点，趋近于振动范围的边缘。这一规律是由振动波函数的振幅分布特点决定的，如图 1.4 所示。

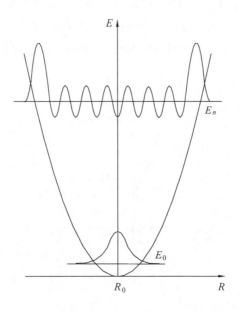

图 1.4　发光中心最低振动能级（E_0）和较高振动能级（E_n）的振动波函数

由于存在位形坐标偏差 $\Delta R = R_0' - R_0$，而且发光中心振动波函数的振幅具有一定的分布范围，因此激发跃迁对应于相当宽的能量范围。发光中心的激发跃迁一般从基态（g）的最低振动能级（$v = 0$）开始，此时系统最有可能处于 R_0 处（振动波函数在此处具有最大的振幅），从 R_0 处开始的跃迁对应激发谱最强值（对应激发能 E_0）。尽管概率较小，但激发跃迁还是可能从较小或较大的 R 处开始，分别需要更高和更低的激发能量，这样就扩展了激发谱的宽度，如图 1.5 所示。

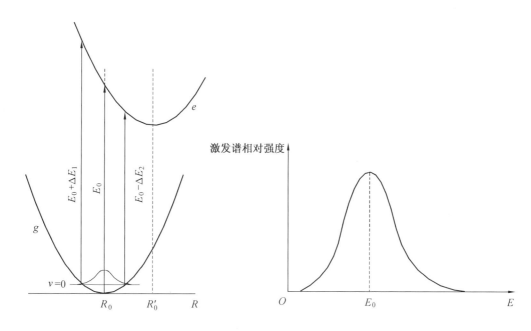

（a）发光中心发生位形变化的宽带激发谱　　　　（b）宽带激发谱

图 1.5 扩展宽带激发谱

在发光中心的电荷迁移激发过程中，发光中心被激发至一定的振动能级。可以借助位形坐标模型分析发光中心的电子-振动耦合过程，而位形坐标偏差 ΔR 即为这种相互作用的定量标度。若不发生位形变化，即 $\Delta R = R_0' - R_0 = 0$，基态 g 与激发态 e 的最低振动能级（$v = 0$）之间的振动重叠项取最大值，这是因为振动波函数均在 R_0 处具有最大振幅值，激发跃迁的带宽将消失，激发谱呈现线状谱峰。此时跃迁过程不涉及振动，为无声子跃迁。若 $\Delta R \neq 0$，则基态 g 的最低振动能级与激发态 e 的较高振动能级没有最大的振动重叠，表现为宽带激发。ΔR 越大，激发带越宽，激发带的宽度体现了位形变化（ΔR）的大小，也体现了基态与激发态的化学键差异。由此可见，在发光中心的电荷迁移激发过程中可能包含着电子-振动耦合，$\Delta R = 0$ 的情况为弱耦合；$\Delta R > 0$ 时为中等耦合；$\Delta R \gg 0$ 时为强耦合。

根据量子力学理论，基态的 $v = 0$ 振动能级和激发态的 $v = n'$ 振动能级之间的跃迁概率与 $\langle e|r|g \rangle \cdot \langle x_n'x_0 \rangle$ 成正比。其中，e 和 g 分别为激发态和基态的电子波函数；r 为电偶极算符，它促使跃迁发生；x 为振动波函数。为了考察整个激发带，需要对所有的 n' 加和。该式前一部分是电子矩阵元，代表跃迁强度，与振动无关；该式后一部分为振动重叠项，决定了激发谱的宽度与形状。

对于决定跃迁强度的电子矩阵元 $\langle e|r|g \rangle$，由于受跃迁选律的制约，并不是所有的 g 和 e 之间的电子跃迁都可以发生。有两条重要的选律：

（1）自旋禁戒选律。不同自旋态（$\Delta S \neq 0$）能级之间的电子跃迁是禁戒的。

（2）宇称禁戒旋律。具有相同宇称的能级之间的电子跃迁（电偶极跃迁）是禁戒的。

在特定情况下跃迁选律会有所放松，选律的放松与波函数混入原始的、未经扰动的波函数有关，这应归因于如下物理现象，如自旋-轨道耦合、电子-振动耦合或者存在晶体场的奇次项等。

1.5.2　Eu^{3+}掺杂发光材料的电荷迁移激发

对于 Eu^{3+} 掺杂发光材料的电荷迁移激发，发光中心由中心 Eu^{3+} 及其配体构成。发光中心的 CCD 与 Eu^{3+} 的能级图（图 1.6）之间有着直接的联系。如图 1.7 所示，在 CCD 中标示为 $^7F_0$, $^7F_1$, $^7F_2$, $\cdots$, $^5D_0$, $^5D_1$, $^5D_2$, $^5D_3$, $\cdots$ 的一系列平行的抛物线分别与方程

$$E = \frac{1}{2}K(R-R_0)^2 + E_{4f}$$

对应，表示中心 Eu^{3+} 处于不同的 4f^6 能级 $^7F_0$, $^7F_1$, $^7F_2$, $\cdots$, $^5D_0$, $^5D_1$, $^5D_2$, $^5D_3$, $\cdots$ 时发光中心的能量（包括配体的振动能量）。当中心 Eu^{3+} 处于基态 $^7F_0$ 时，发光中心处于基态（对于氧离子配体，基态可表示为 Eu^{3+}(4f^6)g-O^{2-}）。在电荷迁移激发过程中，一个电子从配体迁移至中心 Eu^{3+}（对于氧离子配体，迁移过程可表示为 Eu^{3+}-O^{2-}→Eu^{2+}-O^{1-}）。当中心 Eu^{2+} 处于基态 $^8S_{7/2}$ 时，发光中心处于终态，即 CTS（对于氧离子配体，终态可表示为 Eu^{2+}(4f^7)g-O^{1-}）。电荷迁移导致配体与中心离子间的平衡距离从 R_0 弛豫至 R_0'，孤立的 CTS 抛物线与方程

$$E = \frac{1}{2}K(R-R_0')^2 + E_{zp}$$

对应，表示 CTS 发光中心的能量。E_{zp} 为零声子电荷迁移能，表示发光中心的基态与 CTS 均处于最低振动能级时的能量差别。在 CT 激发过程中，发光中心被激发至某（第 S 个）振动能级，$E_{CT} = E_{zp} + S\eta\omega$ 为发光中心的 CT 激发所需的电荷迁移能。对于不同的 Eu^{3+} 掺杂发光材料，CCD 的差别在于不同的零声子电荷迁移能、不同的 CTS 坐标偏差 $R_0' - R_0$ 及在不同的晶体场作用下 Eu^{3+} 的 4f^6 能级的略微差别。

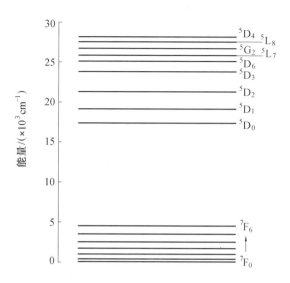

图 1.6 基质晶格中 Eu^{3+} 的能级图

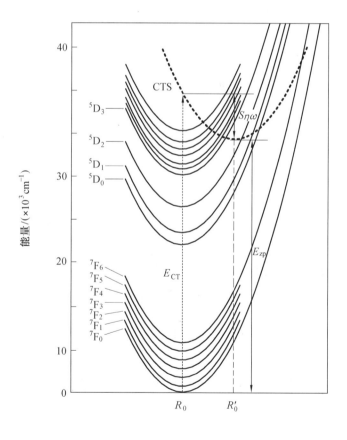

图 1.7 CT 激发下 Eu^{3+} 掺杂发光材料发光中心的位形坐标图

Eu^{3+}掺杂发光材料的 CT 激发光谱在紫外光波段范围,图 1.8 所示为在实验中测得的最具代表性和应用价值的 Y$_2$O$_3$:Eu^{3+}发光材料的 CT 激发光谱。当 Eu^{3+}掺杂发光材料的发光中心被激发至 CTS 后,将以热跃迁的方式迅速弛豫至 Eu^{3+}的 4f^{6}激发态(^{5}D$_J$能级),CTS 到 Eu^{3+}的 ^{5}D 能级的跃迁速率为 $10^{11} \sim 10^{12}$ s^{-1},这样的高速率即解释了为什么不从发光中心 CTS 跃迁发光而是从 Eu^{3+}的 4f^{6}激发态跃迁发光。对于 Yb^{3+}掺杂发光材料的 CT 激发,由于 CTS 到 Yb^{3+}激发态的弛豫速率较低,将观测到 CTS 的辐射发光,进而还可测得激发光谱与发射光谱的 Stokes 位移。

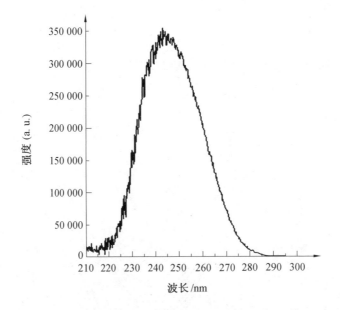

图 1.8 Y$_2$O$_3$:Eu^{3+}发光材料的 CT 激发光谱(发射波长为 611 nm)

1.6 Eu^{3+}掺杂发光材料的光发射特性

当 Eu^{3+} 被激发后,将发生从较高 ^{5}D 能级向较低 ^{5}D 能级的非辐射多声子弛豫过程(^{5}D$_3$→^{5}D$_2$、^{5}D$_2$→^{5}D$_1$、^{5}D$_1$→^{5}D$_0$)。两能级之间的非辐射多声子弛豫概率为

$$W(T) = W_0 \left[W_0 - \exp\left(-\frac{h\upsilon}{kT} \right) \right]^{-n} \tag{1.1}$$

式中,$W(T)$为温度为 T 时的弛豫概率;W_0 为温度为 0 K 时的弛豫概率;$n = \Delta E / h\upsilon$,ΔE 为两能级之间的能量差;$h\upsilon$ 为基质材料的最大声子能量;k 为玻耳兹曼常数。

对于通常的 Eu^{3+}掺杂发光材料,Eu^{3+}各 ^{5}D 能级的能量差(<2 000 cm^{-1})相比于基质最大声子能量不是很大(即 $\Delta E / h\upsilon$ 较小),因此能级之间多声子弛豫概率较高,最低的 ^{5}D$_0$

能级为主导的 Eu^{3+} 发射能级。相比之下，Eu^{3+} 的 ^5D 能级与 ^7F 能级之间较大的能量差（>10 000 cm^{-1}）使非辐射多声子弛豫几乎不可能发生，Eu^{3+} 的辐射跃迁即在这两组能级之间产生。

通常 Eu^{3+} 掺杂发光材料的发光主要处于红色光区，谱线对应于 Eu^{3+} 的 $4f^6$ 组态内 $^5D_0$ 能级到 ^7F_J（J=0，1，2，3，4，5，6）能级的辐射跃迁。通常观察到的发射谱峰有些是劈裂的，这是 ^7F_J（$J\neq0$）能级的简并被晶体场解除的缘故（$^5D_0$ 能级无简并（J=0））。例如，当 Eu^{3+} 格位具有 C_{2h}、C_i、D_{2h} 点群对称性时，$^7F_1$ 能级简并完全被解除（3 个状态），因而 $^5D_0\rightarrow^7F_1$ 跃迁为 3 条谱线；当 Eu^{3+} 格位具有 C_{4h}、D_{4h}、D_{3d}、S_6、C_{6h}、D_{6h} 点群对称性时，$^7F_1$ 能级简并部分被解除（2 个状态），因而 $^5D_0\rightarrow^7F_1$ 跃迁为 2 条谱线；当 Eu^{3+} 格位具有 T_h、O_h 点群对称性时，$^7F_1$ 能级简并不解除（1 个状态），因而 $^5D_0\rightarrow^7F_1$ 跃迁为 1 条谱线。当 Eu^{3+} 处于低对称性的三斜晶系 C_1 格位或单斜晶系 C_S、C_2 格位时，$^7F_1$ 和 $^7F_2$ 能级的简并被完全解除，分布分裂为 3 个和 5 个能级，在发射光谱中可以观察到 3 个 $^5D_0\rightarrow^7F_1$ 谱线和 5 个 $^5D_0\rightarrow^7F_2$ 谱线。具有 T_h、O_h 点群对称性时，$^7F_1$ 能级简并不解除（一个状态），因而 $^5D_0\rightarrow^7F_1$ 跃迁为一条谱线。

如果 Eu^{3+} 所占据的晶格格位具有反演对称性，则由于宇称选律的制约其 $4f^6$ 组态内的电偶极跃迁不会发生，但磁偶极跃迁可以发生。如果 Eu^{3+} 所占据的晶格格位不具有反演对称性，则晶体场的作用将使 Eu^{3+} 各 $4f^6$ 能级的宇称性发生稍许变化，这时电偶极跃迁不再是严格禁戒的。Eu^{3+} 的 $^5D_0\rightarrow^7F_2$ 跃迁对此变化极为敏感，Eu^{3+} 所占据的格位稍许偏离反演对称性，就使此跃迁在光谱之中处于主导地位，这是超敏感的受迫电偶极跃迁。图 1.9 所示为在实验中测得的 Y_2O_3：Eu^{3+} 发光材料的发射光谱。

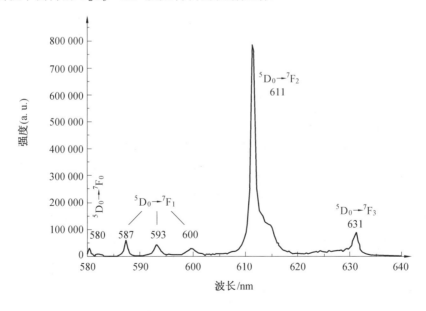

图 1.9 Y_2O_3：Eu^{3+} 发光材料的发射光谱（激发波长为 254 nm）

对于 Eu^{3+}掺杂发光材料，其独特的光谱性质源于 Eu^{3+}对其所处格位对称性的超敏感特性。在实际应用中为了实现优良的光发射性能，需要以高效的 $^5D_0 \rightarrow {}^7F_2$ 超敏感受迫电偶极辐射跃迁为主导跃迁。因此，Eu^{3+}掺杂发光材料一般发红色光，较高的发光效率使其被广泛应用。

1.7　稀土发光材料的纳米效应

纳米稀土发光材料是指至少在一个维度上处于纳米量级的稀土发光材料。根据维度的不同分为零维纳米粉体、一维纳米线以及二维纳米薄膜。目前，具有重要应用价值的稀土离子掺杂纳米发光材料，如稀土离子掺杂的纳米氧化物、硫化物、复合氧化物和各种无机盐发光材料正逐渐引起人们的注意，将成为未来研究的热点。纳米稀土发光材料具有重要的应用价值，如纳米荧光粉体可以获得更高分辨率的图像，可以和纳米电子器件进行光电集成，可以用于随机激光的实验和理论研究等。随着稀土发光材料的发展与应用，以及新技术革命对新材料的迫切要求，高效纳米稀土发光材料的研究与开发利用已成为理论探索和实际应用中十分引人注目的课题。

相比于体相稀土发光材料，纳米稀土发光材料表现出了一系列独特的性质。这些独特的性质源于纳米效应，包括表面效应、量子尺寸效应、隧道效应、介电限域效应等。这些独特的性质拓宽了稀土发光材料的应用领域，改善了稀土发光材料某些方面的性能，同时也带来了其他一些严重的问题。

1.7.1　发光效率的变化

发光效率的下降是稀土发光材料最值得关注的纳米效应，这种现象使多种稀土发光材料的实用性严重降低，致使一定纳米尺寸以下的稀土发光材料失去了实际应用价值。例如，在电荷迁移激发下，体相 Y_2O_3：Eu^{3+}发光材料的量子效率接近 100%，但当其尺寸降至 10 nm 左右时，其量子效率只有 2%。对纳米稀土发光材料的研究发现，由于巨大的表面积-体积比，使材料的发光效率受到表面效应的影响。材料纳米化后，作为发光激活剂的稀土离子更多地趋近于材料的表面，而材料表面上的悬挂键、晶格缺陷及杂质等形成了猝灭中心，激发态的稀土离子向猝灭中心的能量传递使稀土离子的激发态将以这样的方式被弛豫，在宏观上表现为材料发光效率的下降。然而事实上影响发光效率的原因必定很复杂，对于不同种类的发光材料和不同的激发方式，发光效率的下降机制不可能只有一种。为了确保纳米稀土发光材料的实用性，其发光效率亟待提高。很明显，首要的任务是弄清材料纳米化后发光效率的下降机理，这方面的工作无论在应用研究层面还是在基础研究层面，均具有重要的价值。

1.7.2　光谱的红移或蓝移

随着稀土发光材料在纳米量级内的尺寸下降，可能伴有相应的光谱移动现象发生。在文献报道中最常见的就是稀土发光材料（Eu^{3+}、Sm^{3+}、Yb^{3+}、Nd^{3+}、Dy^{3+}、Ho^{3+}、Er^{3+}、Tm^{3+}等掺杂的发光材料）电荷迁移激发光谱的红移现象。Zeming Qi 等人发现，当 Lu_2O_3：Eu^{3+} 发光材料的尺寸降至 10 nm 以下时，其电荷迁移激发光谱发生了明显的变化，尤其是位置向长波方向移动明显，峰位由相应体材料的 240 nm 附近红移至 250 nm 附近。张慰萍等人采用甘氨酸-硝酸盐燃烧法合成 Gd_2O_3：Eu^{3+} 纳米发光材料，当尺寸从 80 nm 降至 5 nm 时，Eu^{3+} 的电荷迁移激发峰从 255 nm 红移至 269 nm。相关的报道还有 Lu_2O_3：Eu^{3+} 纳米发光材料的类似现象以及 Tao Ye 等人的实验研究结论等。对光谱蓝移现象的报道集中在发射光谱以及基质吸收谱上，如 YVO_4：Eu^{3+} 材料纳米化后红外吸收光谱发生蓝移现象；Guodong Xia 等人发现纳米 YAG：Ce^{3+} 材料的发射光谱蓝移现象明显；李强等人报道了 Y_2O_3：Eu^{3+} 纳米发光材料 $^5D_0 \rightarrow {}^7F_2$ 发射波长由 614 nm（材料尺寸为 71 nm）蓝移至 610 nm（材料尺寸为 43 nm）等。很明显，光谱的移动源于纳米效应，但一直以来关于光谱移动微观机制的研究却众说纷纭，仍没有明确的定论。

1.7.3　荧光寿命和猝灭浓度的变化

纳米效应将造成发光材料荧光寿命的变化，绝大多数的报道为荧光寿命的缩短，可以从体材料的毫秒量级缩短到纳秒量级。张慰萍认为荧光寿命缩短的原因在于纳米材料表面缺陷的增加以及能级之间跃迁自旋选律的解除，使辐射跃迁及非辐射弛豫速率增加而荧光寿命下降。Bharguna 等人报道了纳米 ZnS：Mn 的荧光寿命较相应体相材料的荧光寿命缩短了五个数量级，而外量子效率仍高达 18%。但李强等人在研究中发现，与体相材料相比，纳米 Y_2O_3：Eu^{3+} 的荧光寿命明显延长。Williams 等人也得出了类似结论，他们认为造成 Eu^{3+} 的 $^5D_0$ 能级荧光衰减时间延长的原因是辐射跃迁概率减小。对于体相材料，荧光寿命由发光离子掺杂浓度[①]直接决定，而材料纳米化之后荧光寿命又受内部结构的变化及材料表面效应的影响。

当稀土发光材料的尺寸降入纳米量级时，稀土发光离子的猝灭浓度明显增加。Tao 等人在研究中发现，相比于体相材料 Y_2O_3：Eu^{3+} 的 7%的猝灭浓度，70 nm 尺寸的 Y_2O_3：Eu^{3+} 的猝灭浓度达 14%。表 1.1 也给出了相近的结果。他们认为纳米材料的界面效应使相邻发光离子之间的能量传递受到了阻碍，使非辐射弛豫概率下降，进而提高了 Eu^{3+} 的猝灭浓度。谢平波、夏上达等人发现，Y_2SiO_5：Eu^{3+} 纳米荧光粉比常规体相材料的猝灭浓度更高，在

[①] 掺杂浓度是指激活离子掺杂在基质中的原子数分数。猝灭浓度是指发光中心的效率开始明显下降时的掺杂浓度。

理论分析基础上他们认为这种现象是由纳米材料内部发光离子之间共振传递的能量传输方式受到了抑制造成的。李丹等人研究了 Y$_2$O$_2$S：Tb^{3+}纳米晶体的浓度猝灭现象，认为纳米发光材料的表面猝灭中心抑制了 Tb^{3+}之间的交叉弛豫作用，使 Tb^{3+}（^{5}D$_3$能级）的猝灭浓度上升。

表 1.1　不同尺寸的 Y$_2$O$_3$：Eu^{3+}发光材料的光谱性质

粒径	3 μm	80 nm	40 nm	10 nm	5 nm
$\dfrac{表面积}{体积}$/m^{-1}	< 0.01	0.07	0.14	0.49	0.78
电荷迁移带位置/nm	239	239	242	243	250
611 nm 的 FWHM[①]/nm	0.8	0.9	1.1	1.3	—
^{5}D$_0$荧光寿命（CRT[②]）/（nm·s）	1.7	1.39	1.28	1.08	1.04，0.35
猝灭浓度/%	约 6%	—	12%～14%	—	约 18%

注：①FWHM：最高谱带的半高宽。
　　②CRT：阴极射线管。

1.8　稀土发光材料的高阻效应

1.8.1　场发射显示的重要前景

场发射显示（Field Emission Displays，FED）机理为低压阴极射线发光，是处于研究阶段的具备潜在优良性能的显示方式，集阴极射线管（Cathode Ray Tube，CRT）和液晶（Liquid Crystal Display，LCD）的优点于一体，代表着显示技术的重要发展方向。目前，CRT 显示技术已相当成熟，但其功耗高、体积大。20 世纪 90 年代中期，显示技术开始向平板化方向发展，而研制场发射显示器——平板化的 CRT，就此成为显示技术研发的重要目标之一。随着社会信息化程度的高度发展，人们对于多功能显示器的要求也越来越高。FED 具有 LCD 的轻薄和低功耗、CRT 的自然色彩和宽泛视角，这使其成为极具竞争力的新一代平板显示器，有望占据未来显示器市场的主流地位。

FED 与 CRT 类似，均属于阴极射线发光，即在真空环境中利用阴极发出的电子束轰击阳极上的荧光材料而发光。因此，FED 与 CRT 具有很多相似的显示性能，也可以说 FED 显示原理是 CRT 原理的改良。其不同之处在于以下几点：

（1）CRT 采用的是热阴极，而 FED 采用的是冷阴极。因此，与 CRT 相比，FED 不仅能够瞬时发射出电子，而且减少了能耗。

（2）CRT 的加速电压通常在 15～30 kV，而 FED 的阴极电压则一般小于 1 kV。因此，要达到相当的亮度，FED 需要比 CRT 具有更高的电子束流密度。

（3）阳极和阴极之间的距离也是 FED 和 CRT 的不同差别之一，FED 的阴-阳极距离在几百微米之内，而 CRT 的阴-阳极距离在 1 cm 以上。

（4）CRT 的阴极为点发射源或线发射源，而 FED 为面发射源，这样可以十分方便地减小平板本身的质量，实现真正意义上的平板化和更为有效的矩阵驱动。

FED 的优点主要表现为较宽的环境温度变化范围、冷阴极发射、低工作电压、快速响应、较宽的视野角度及高亮度等。它集中了 CRT 所有优点的同时，摒弃了其主要的缺点，如体积大和功耗高。因此，FED 代表着具有潜在优良性能的显示技术。

20 世纪 60 年代，Ken Shoulder 提出了场发射阴极阵列（Field Emission Array，FEA）的设想，但直到 1985 年才由法国的 Robert Meyer 研究小组制成了第一台 FED 样机。从上述 FED 较之 CRT 的诸多优点不难看出，FED 有着全面取代 CRT 的趋势，它是最可能达到 CRT 显示效果的新一代平板显示方式，因此在学术界引发了一场关于场发射显示器研究的热潮。目前许多国际公司，如日本的伊势、佳能、东芝，韩国的三星，美国的 Orion，英国的 PFE 等公司均在对 FED 显示技术进行深入的研究。我国在 FED 研发方面比较有代表性的单位有中国科学院长春光学精密机械与物理研究所、清华大学、中山大学、福州大学、东南大学、西安交通大学等。相对于其他平板显示技术，国内 FED 的研究水平与国际研究水平相比最为接近，有望取得重要突破。

FED 与 CRT 的发光机理相同，即阴极射线发光，如图 1.10 所示。在 CRT 中，电子发射阴极与阳极显示屏之间有足够的距离和空间，决定了 CRT 可以在较高的阳极电压（15～30 kV）下工作。但 FED 是利用场发射阴极阵列发射电子束（无须偏转）直接轰击阳极显示屏上的三基色荧光层而成像的。在 FED 中，阴极阵列与阳极显示屏间距不宜过大，只能在几百微米之内，由此决定了 FED 只能在较低的阳极电压（一般为 3～7 kV）下工作。阳极电压的提高将使 FED 面临诸多问题，如设备的高压击穿、阴极阵列的设计和制备技术要求大幅提高、使用寿命缩短等问题。

图 1.10 所示为 FED 的一个结构单元，主要包括电子源，即场发射阵列（阴极）、支撑结、阳极荧光屏。阳极和阴极由各自的引线电极与外围的驱动电路相连。FED 是通过场致发光来实现发光显示的，其工作原理是：在真空环境中，在栅电压作用下阴极发射电子，在阴-阳极电压加速下电子轰击阳极荧光层而发光。当然这其中的过程是相当复杂的，阴极发射电子轰击阳极荧光层而发光，实际所需的电子能量不能低于几十电子伏，最高可达几万电子伏。从能量的观点看，高能量电子的入射足以产生大量的可见光子，而事实上高能量的入射电子首先在阳极荧光层中激发大量的电子-空穴对，电子-空穴对在发光中心复合，发光中心发生辐射跃迁而发光。不是所有的电子-空穴对都能激发发光中心而辐射发光，当电子-空穴对在非辐射复合中心复合时发生非辐射跃迁，产生的是声子，即将其

能量转化为晶格的振动能。能够在荧光层中激发电子-空穴对的入射电子或二次电子能量应至少是荧光材料禁带宽度（E_g）的 2.7～5 倍，并因材料而异。

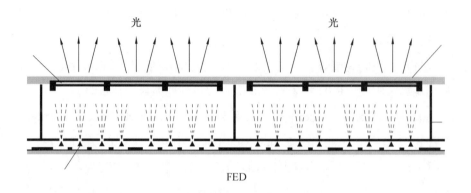

图 1.10　FED 发光机理

　　鉴于 FED 的发光机理和结构，制备优良 FED 性能的关键在于两个方面：其一是场发射阴极材料的探索和制备，其二是适合于 FED 的高效阳极荧光材料的开发。早期场发射阴极材料主要将 Mo、W 等高熔点金属制作成微尖锥形，降低场发射电子所需的电压以提高场发射性能，即通过减小发射体尖端曲率半径以提高发射体附近的场强，此工艺虽然较成熟，机理也清楚，但是金属材料的场发射功函数较高，现已处于被淘汰的边缘。随着科学工作者的不断深入研究，开始使用一些宽带隙材料作为场发射阴极材料，如金刚石、碳化硅等，它们具有优良的热稳定性且熔点高、热导率高，特别是采用这些材料后大大降低了场发射的阈值电压。近年来，具有优良场发射性能的碳纳米管（Carbon Nanotubes，CNT）成为国内外 FED 阴极材料研究的热点，被认为是最理想的冷阴极场发射体。

　　对于阴极材料的探索与工艺制备，国内有多家单位在进行这方面的研究，如华东师范大学纳米电集成与先进装备教育部工程中心长期从事碳纳米基场发射阴极材料与器件的研究开发，2006 年已制成基于 CNT-FED 单色模块的 40 in（1 in=2.54 cm）拼接显示样屏，可实现动态字符图形的显示，性能达到国际先进水平。要进一步发挥 FED 大屏幕的优势必然要求实现全彩显示，但是到目前为止还没有三基色荧光材料能够满足低压阴极射线发光的要求，因此限制了 FED 大屏幕全彩色显示的发展。

1.8.2　场发射显示荧光材料的研究现状

　　Shea 和 Mays 报道：红色荧光材料 Y_2O_2S：Eu 和 Y_2O_3：Eu 在较高电压的电子束激发下电-光转换效率分别可达 7.5 lm/W 和 7 lm/W，但在 500 V 时 Y_2O_3：Eu 的电-光转换效率只有 6 lm/W，Y_2O_2S：Eu 的电-光转换效率只有 2.94 lm/W；蓝色荧光材料，如 ZnS：Ag：Cl、Zn_2SiO_4：Ti、Y_2SiO_4：Ce、$ZnGa_2O_4$，在小于 1 kV 的电子束激发下电-光转换效率均

小于 6.5 lm/W；绿色荧光材料，如 Y_2SiO_4：Tb、$Y_3Al_5O_{12}$：Tb、$Y_3(Al, Ga)_5O_{12}$：Tb、$Gd_3Ga_5O_{12}$：Tb，在 500 V 电子束激发下的电-光转换效率均下降到 10 lm/W 以下。

Wagner 等人研究发现，荧光材料表面 e-h 对的复合速度、电子束穿透和扩散深度、发光中心激发-跃迁时间等对荧光亮度饱和特性有影响。Penczek 和 Yang 等人认为荧光亮度饱和特性是由发光中心基态电子的耗尽而引起的，并在忽略热猝灭的情况下提出了预测荧光饱和亮度的模型，该模型对 Y_2O_3：Eu^{3+} 的预测结果与实验结果偏差较小。有研究认为，由于传统荧光材料的导电性较差，随着电子束流密度上升，荧光层表面发生电荷堆积，由此引起荧光亮度饱和现象。已有的文献表明，低压阴极射线发光中的荧光亮度饱和特性与传统荧光材料的绝缘性直接相关，众多研究者已对此达成了共识。北京大学荆西平等人认为，研究和设计 FED 荧光材料时，在基质选择上，要同时兼顾发光性能与导电性能。基于这一观点，他们制备了 $Gd_3Ga_5O_{12}$：Tb、Y_3GaO_6：Eu、Gd_3GaO_6：Bi 荧光材料，其场发射发光性能较好。但事实证明，荧光材料的低压阴极射线发光性能与其基质材料的导电性能是难以兼顾的。根据初步的理论探讨和实验规律总结，已经发现荧光材料的高绝缘性与低压阴极射线发光的饱和特性之间存在密切的关联。但荧光材料的高绝缘性如何导致低压阴极射线发光的饱和行为，目前还没有明确的研究结论，也没有给出清晰的物理图像。

表 1.2 列出了阴极射线发光应用中典型适用的荧光材料，除 ZnO：Zn（因无合适的荧光材料与其颜色匹配而不适于全彩色显示）外，均具有相当高的绝缘性，电阻率在 10^9 $\Omega \cdot m$ 数量级以上。

表 1.2 FED 荧光材料

	蓝色	绿色	红色
单色荧光材料	ZnO：Zn		
三基色荧光材料	Zn_2SiO_4：Ti	Y_2SiO_4：Tb	Y_2O_3：Eu
	Y_2SiO_4：Ce	Y_3Al5O_{12}：Tb	Y_2O_2S：Eu
	$SrGa_2S_4$：Ce	Zn_2SiO_4：Mn	$CaTiO_3$：Pr
	$YNbO_4$：Bi	$ZnGa_2O_4$：Mn	

1.8.3 荧光亮度饱和特性的高阻根源与应对措施

鉴于 FED 工作在低压下，为了保证足够的功率，FED 需要较高的工作电流，即由阴极发射而激发阳极表面荧光层的电子束流。由此引出一个严重的问题，即在较低的阳极电压下，随着工作电流密度的增大，阴极射线发光功率并不随之线性增加而表现出荧光亮度饱和特性。荧光亮度饱和特性意味着电-光转换效率随着工作电流的增大而下降。为了实现 FED 的实际应用，低压阴极射线发光中所表现出的荧光亮度饱和特性需要得到有效克服，这是 FED 发展中所面临的技术瓶颈之一。

在本书的低压阴极射线发光饱和行为深入的机理研究中，明确揭示出低压阴极射线发光饱和行为源于荧光材料的高阻性。在此前提下的后续实验研究中，将依据复合导电材料电渗理论，力图将合适的独立导电成分引入典型 CRT 适用荧光材料中，使导电成分与荧光材料相结合，凭借导电成分构建导电网络实现导电性的改善，抑制低压阴极射线发光饱和行为以适应场发射显示（FED）的工作要求。

这一探索具有重要的现实意义，原因在于以下三点：

（1）FED 与 CRT 具有相同的发光机理，即阴极射线发光，且 CRT 的适用荧光材料已相当成熟，性能优越，因此 CRT 的适用荧光材料自然成为 FED 适用荧光材料的首选。

（2）发展 FED 专用新型荧光材料面临难以克服的困难，原因在于荧光材料的发光性能与其固有导电性能无法兼顾。

（3）复合导电材料的电渗理论可以作为实验研究的依据和基础，可以凭借导电成分在荧光材料内构建导电网络，实现导电性能的改善。

第2章 Re₂O₃：Eu³⁺（Re=Y，La）纳米材料的制备与表征方法

在稀土发光材料的纳米性质研究中，符合实验标准和要求的材料样品制备具有突出的重要意义。为了在后续研究中得到较为准确的实验数据和结论，需要在样品制备环节中进行工艺的摸索设计和最佳参数值的选取，制备出符合各步实验标准和要求的样品。另一方面，样品制备环节同样属于材料性质研究的一部分，在此环节中充分展现了材料的物理化学性质。

为了研究 Re_2O_3：Eu^{3+}（Re=Y，La）发光材料在纳米量级内的尺寸下降所表现出的纳米效应，探讨纳米 Re_2O_3：Eu^{3+} 材料的甘氨酸-稀土硝酸盐低温燃烧合成方法；为了克服发光效率的表面效应，摸索 La_2O_3：Eu^{3+} 纳米粉体材料的表面包覆工艺，设计合理的包覆效果检测方法；为了研究不同尺寸粉体材料对激发光吸收（散射）程度的尺寸形貌效应，研究 Y_2O_3：Eu^{3+} 粉体材料的烧结过程并设计 Y_2O_3：Eu^{3+} 亚微米粉体材料的制备方法。

将实验中所用的化学试剂及规格列于表 2.1 中。

表 2.1 实验中所用的化学试剂及规格

名称	分子式	规格
三氧化二铕	Eu_2O_3	99.99%
三氧化二钇	Y_2O_3	99.99%
硝酸镧	$La(NO_3)_3 \cdot 6H_2O$	分析纯
硝酸钇	$Y(NO_3)_3 \cdot 6H_2O$	分析纯
硝酸	HNO_3	分析纯
甘氨酸	NH_2CH_2COOH	分析纯
异丙醇	C_2H_8O	分析纯
正硅酸乙酯	$Si(OCH_2CH_3)_4$	分析纯
无水乙醇	C_2H_6O	分析纯
氯仿	$CHCl_3$	分析纯
氨水	$NH_3 \cdot H_2O$	分析纯

2.1　表征方法

2.1.1　X射线衍射分析

X射线衍射法（X-ray Diffraction，XRD）是测定晶体结构的重要方法，当X射线作用于晶体时，晶格原子对X射线电磁波具有散射作用。散射后的电磁波发生干涉，在某些特定方向上加强或抵消，形成衍射现象。根据布拉格衍射条件

$$2d_{h_1h_2h_3}\sin\theta = n\lambda$$

可以算出所测样品晶格结构特定方向上的晶面间距。

式中，$d_{h_1h_2h_3}$为晶面族（$h_1h_2h_3$）的面间距；θ为衍射角；n为衍射级数；λ为入射波长。将X射线衍射谱图与标准谱图相对照，可以确定被测样品的晶相结构（物相），并对样品的结晶情况进行分析。

对于纳米材料，XRD测试进一步的作用在于利用XRD谱图中的X衍射线线宽数据对纳米颗粒的晶粒度进行估算。这是测定纳米材料晶粒度的有效方法。该方法所测得的是单晶颗粒的平均晶粒度而不是多晶颗粒的尺寸，适用于晶态纳米粒子的粒度评估。当晶粒度较小（<50 nm）时所测得数值接近真实值，而当晶粒度较大时测量值小于真实值。具体计算应用谢乐（Scherrer）公式，即

$$D_{hkl} = \frac{k\lambda}{B\cos\theta_B}$$

式中，D_{hkl}为与（hkl）晶面垂直方向的晶粒尺寸；k为常数，$k = 0.89$；θ_B为特征衍射峰所对应的衍射角。

实验中，所用设备为X射线衍射仪（XRD Rigaku-D/max 2500 X-ray diffractometer），相关参数：Cu-K$_\alpha$射线源、石墨单色器、Ni滤波、$\lambda = 0.154\,06$ nm，管电流为50 mA，管电压为40 kV，扫描分辨率为0.02°，扫描范围为0°～90°。

2.1.2　场发射扫描电子显微镜分析

场发射扫描电子显微镜具有超高的分辨率，能对各种固态样品表面形貌的二次电子像和反射电子像进行观察以及图像处理。本书使用日本Hitachi电气公司的S4700场发射扫描电子显微镜（Field Emission Scanning Electron Microscope，FESEM）观察所制备荧光粉体的前驱体和经过不同温度烧结后所得的不同尺寸荧光材料的颗粒形貌与团聚状况。

通过扫描电子显微镜（Scanning Electron Microscope，SEM）测试可以获得样品的表面形貌。在SEM测试中，被测样品表面被聚焦的电子束（初级束）扫描，由此诱导产生的

二次电子被收集后经放大处理以调制同步扫描电子束流强度并在显像管上形成被测样品的图像。如果所测样品为绝缘材料，如本实验所测的 Y_2O_3：Eu^{3+} 粉体，则在 SEM 测试之前需进行蒸镀导电膜（喷金）处理。实验中所用设备为热场扫描电子显微镜（KYKY-1000B）。相关参数：工作电压为 100 kV，分辨率为 0.204 nm，放大倍数为 1 万～8 万倍。

2.1.3 荧光光谱分析

荧光光谱仪对于显示与照明行业中发光材料的性能测试是不可或缺的。本书多次使用荧光光谱仪研究了各种因素对荧光材料发光性能的影响，对其在场发射显示中的应用具有重要的参考作用。

荧光光谱仪的基本原理是用氙灯连续发出的紫外到可见光激发荧光材料样品而发出荧光，发出的荧光被光电倍增管接收后即可通过图像或数字的形式显示出来。本书使用的是以稳态 150 W 氙灯作为光源、Horiba Jobin Yvon 公司生产的 NuoroMax-4 型荧光光谱仪。

2.2 Re₂O₃：Eu³⁺（Re=Y，La）纳米粉体的低温燃烧法合成

在低温燃烧法制备纳米粉体的实验中，利用包含目标产物组分的氧化剂和还原剂混合物（作为燃烧反应的燃料）化学反应所放出的热量，使反应在较低的温度下（1 000～1 600 ℃）以自蔓延燃烧的方式进行。在燃烧反应的过程中迅速放出大量气体，使产物得到烧结的同时也得到了充分分散，制得尺寸细小而均匀的纳米颗粒。在制备稀土氧化物的低温燃烧法中，反应原料为甘氨酸与稀土硝酸盐。甘氨酸与稀土硝酸盐的当量反应（G/N（摩尔比）=1.67）化学方程式为

$$3M(NO_3)_3 + 5NH_2CH_2COOH + 9O_2 \longrightarrow \frac{3}{2}M_2O_3 + \frac{5}{2}N_2 + 9NO_2 + 10CO_2 + \frac{25}{2}H_2O$$

采用低温燃烧法制备稀土氧化物，较低的点火温度（250～400 ℃）就可使反应发生，反应过程一般在几秒内即可完成，产物的纳米尺寸由反应原料的摩尔比（G/N）控制，此方法十分适合制备单组分和复合氧化物纳米粉体。在本实验中采用低温燃烧法制备 La_2O_3：Eu^{3+} 和 Y_2O_3：Eu^{3+} 纳米粉体。

2.2.1 Y₂O₃：Eu³⁺纳米粉体的合成实验

（1）将 0.125 g 的 Eu_2O_3 加入 8 mL 稀硝酸（体积比为 1：1）中，发生放热反应生成 $Eu(NO_3)_3 \cdot 6H_2O$，在通风橱中蒸发掉残余硝酸，直至较纯净的 $Eu(NO_3)_3 \cdot 6H_2O$ 结晶。

（2）将 13.70 g 的 $Y(NO_3)_3 \cdot 6H_2O$ 溶入 25 mL 去离子水中，得到 $Y(NO_3)_3$ 溶液。将已制得的 $Eu(NO_3)_3 \cdot 6H_2O$ 加入 $Y(NO_3)_3$ 溶液并使其充分溶解。

（3）将所得溶液均匀分为 4 份，分别加入 1.660 g、2.214 g、2.767 g 和 6.641 g 的甘氨酸（NH_2CH_2COOH），对应的甘氨酸-稀土硝酸盐摩尔比（G/N）分别为 0.6、0.8、1.0 和 2.4，充分溶解后分别盛于较大烧杯并置于程序控制烘干箱中，在 80 min 内（缓慢通风状态）升温至 240 ℃后保持恒温并去除通风，直至发生燃烧反应，得到不同尺寸的 Y_2O_3：Eu^{3+}（Eu 与 Y 的摩尔比为 3%）纳米粉体。

由实验可见，采用低温燃烧法合成 Y_2O_3：Eu^{3+}纳米粉体，所制得的样品纳米尺寸随甘氨酸-稀土硝酸盐的摩尔比（G/N）变化明显，尺寸可控范围宽，且成分稳定、纯净。低温燃烧法合成 Y_2O_3：Eu^{3+}纳米粉体相对容易，表 2.2 给出了低温燃烧法合成 Y_2O_3：Eu^{3+}纳米粉体的实验结果。

表 2.2 低温燃烧法合成 Y_2O_3：Eu^{3+}纳米粉体的实验结果

G/N	XRD 相成分分析	处理 温度/时间	谱峰半高宽/rad	单晶尺寸/nm
0.6	100%Y_2O_3	300 ℃/60 min	0.015 79	9
0.8	100%Y_2O_3	300 ℃/60 min	0.007 10	20
1.0	100%Y_2O_3	300 ℃/60 min	0.000 35	41
2.4	100%Y_2O_3	300 ℃/60 min	—	90

2.2.2 La_2O_3：Eu^{3+}纳米粉体的合成实验

（1）将 0.50 g 的 Eu_2O_3 加入 30 mL 稀硝酸（体积比为 1∶1）中，发生放热反应生成 $Eu(NO_3)_3 \cdot 6H_2O$，在通风橱中蒸发掉残余硝酸，直至得到较纯净的 $Eu(NO_3)_3 \cdot 6H_2O$ 结晶。

（2）将 39.90 g 的 $La(NO_3)_3 \cdot 6H_2O$ 溶入 90 mL 去离子水中，得到 $La(NO_3)_3$ 溶液。将已制得的 $Eu(NO_3)_3 \cdot 6H_2O$ 加入 $La(NO_3)_3$ 溶液并使其充分溶解。

（3）将所得溶液均匀分为 9 份，分别加入 0.230 g、0.268 g、0.383 g、0.537 g、0.690 g、0.767 g、0.881 g、0.999 g、1.110 g 的甘氨酸（NH_2CH_2COOH），对应的甘氨酸-稀土硝酸盐摩尔比（G/N）分别为 0.6、0.7、1.0、1.4、1.8、2.0、2.3、2.6、2.9，充分溶解后分别盛于较大烧杯并置于程控烘干箱中，在 90 min 内（缓慢通风状态）升温至 260 ℃后保持恒温并去除通风，直至发生燃烧反应，放出大量气体并生成白色蓬松的泡沫状产物。

甘氨酸与稀土硝酸盐〔$La(NO_3)_3 \cdot 6H_2O$、$Eu(NO_3)_3 \cdot 6H_2O$〕的摩尔比（G/N）不同，生成的稀土化合物的成分及成分比例也不同。经 XRD 相成分分析可知，当 G/N 较低（<2.0）时，生成物为氧化镧（La_2O_3）与氢氧化镧（$La(OH)_3$）的两相混合物；当 G/N 较高（>2.0）时，生成物为氧化镧与碳酸镧（$La_2(CO_3)_3$）的两相混合物。在稀土化合物的不同成分中，较少数量的 Eu^{3+} 替代 La^{3+}（Eu^{3+} 与 La^{3+} 的摩尔比为 3%），对物相结构没有影响。如图 2.1 所示，在不同的 G/N 值下对生成物进行 XRD 测试及相成分分析。

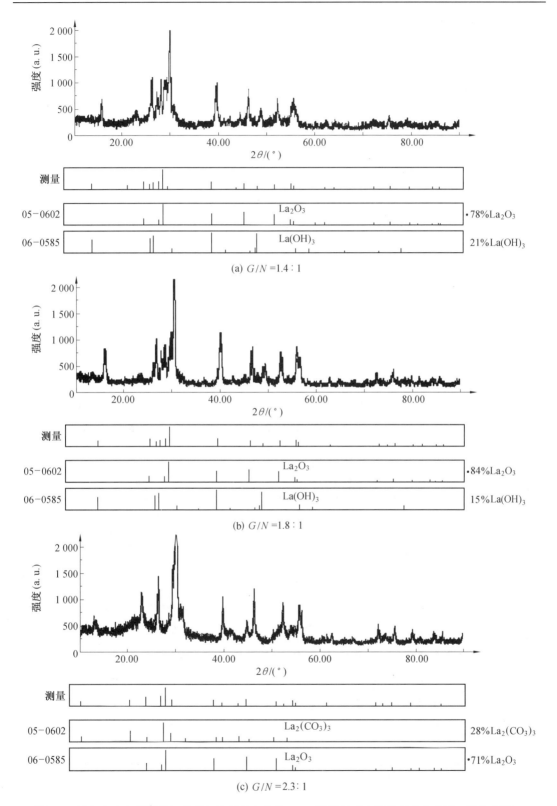

图 2.1　制备实验中不同甘氨酸摩尔比所得产物的 XRD 谱图及对应的物相成分分析（摩尔分数）

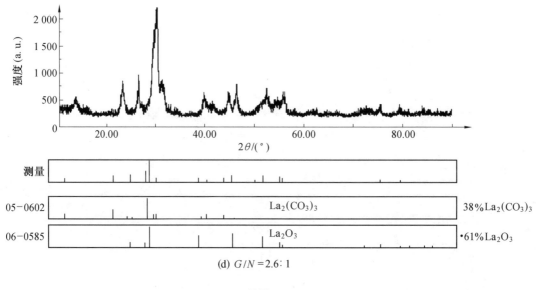

(d) $G/N = 2.6 : 1$

续图 2.1

实验所用设备为 X 射线衍射仪（XRD Rigaku-D/max 2500），相关参数：Cu-K$_\alpha$射线源，石墨单色器，Ni 滤波，λ=0.154 06 nm，管电流为 50 mA，管电压为 40 kV，扫描分辨率为 0.02°，扫描范围为 0°～90°。

对混有不同成分的生成物进行热处理，在一定转变温度下生成物发生热分解，得到纯相的 La$_2$O$_3$：Eu^{3+}纳米粉体。依据 XRD 数据以及谢乐公式可求得样品粉体的纳米尺寸，见表 2.3。

表2.3　低温燃烧法合成 La$_2$O$_3$：Eu^{3+}纳米粉体的实验结果

G/N	XRD 相成分分析（摩尔分数）	处理 温度/时间	谱峰半高宽/rad	单晶尺寸/nm
<0.7	无法正常反应	—	—	—
0.7	—La$_2$O$_3$/—La(OH)$_3$	600 ℃/60 min	—	约 9
1.0	—La$_2$O$_3$/—La(OH)$_3$	600 ℃/60 min	0.010 08	14.1
1.4	78% La$_2$O$_3$/21% La(OH)$_3$	600 ℃/60 min	0.007 14	19.9
1.8	84% La$_2$O$_3$/15% La(OH)$_3$	600 ℃/60 min	0.006 27	22.6
2.0	100% La$_2$O$_3$	600 ℃/60 min	0.004 53	31.3
2.3	71% La$_2$O$_3$/28% La$_2$CO$_5$	800 ℃/30 min	0.004 53	31.3
2.6	61% La$_2$O$_3$/38% La$_2$CO$_5$	800 ℃/30 min	0.004 53	31.3
2.9	黑色泡沫状	800 ℃/60 min	0.004 53	31.3

由实验可见，燃烧法合成 La$_2$O$_3$：Eu^{3+}粉体的最小尺寸约为 9 nm。尺寸较小的 La$_2$O$_3$：Eu^{3+}粉体（小于二十几纳米）将通过在燃烧法实验中降低甘氨酸的比例（G/N<1.8）并对生成物进行热处理（所含 La(OH)$_3$ 分解）而制得。当甘氨酸的比例较高时（G/N >2.0），生成物热处理后（所含 La(OH)$_3$ 分解）制得的 La$_2$O$_3$：Eu^{3+}粉体尺寸（31.3 nm）不再随 G/N 值而变化。至于更大尺寸的 La$_2$O$_3$：Eu^{3+}粉体样品，可以通过将已经制得的粉体样品（G/N =2.0）在 800 ℃下烧结不同时间而得到。

实验中对 La$_2$O$_3$：Eu^{3+}纳米粉体样品进行 TEM 测试，如图 2.2 所示。透射电子显微镜（Transmission Electron Microscope，TEM）是以波长极短的电子束作为辐射源，并用电磁透镜聚焦成像的高放大倍数、高分辨率的电子光学仪器。用透射电子显微镜观测纳米颗粒的尺寸及形貌，此方法具有可靠性和直观性。测试时将纳米颗粒加入乙醇或丙酮等溶剂中，用超声波分散成悬浊液，滴加在特制的带有碳膜的铜网上，待悬浮液中的乙醇（或丙酮）挥发后，将样品放入电子显微镜样品台进行 TEM 观测，并可拍摄有代表性的 TEM 照片。本实验所用设备为 JEOL-1010 透射电子显微镜，相关参数：工作电压为 100 kV，分辨率为 0.204 nm，放大倍数为 5 万～25 万倍。

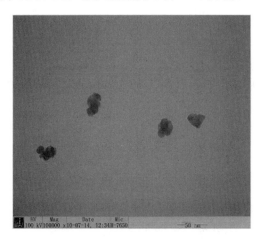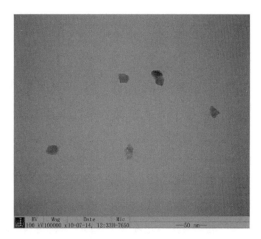

图 2.2　La$_2$O$_3$：Eu^{3+}纳米粉体的 TEM 图片

2.3　La$_2$O$_3$：Eu^{3+}纳米粉体的 SiO$_2$ 包覆

本实验将采用 Stöber 方法对纳米粉体材料进行表面 SiO$_2$ 包覆。该方法的包覆过程是通过正硅酸乙酯的水解缩聚并向粉体表面的附着沉积来实现的。正硅酸乙酯的水解缩聚过程按照如下方程式进行：

$$Si(OCH_2CH_3)_4 + 2H_2O \longrightarrow Si(OH)_4 + 4CH_2CH_3OH$$

$$nSi(OH)_4 \longrightarrow nSiO_2 + 2nH_2O$$

在使用 Stöber 方法进行包覆实验的过程中,实验参数的设定以及实验过程的选取直接决定了实验的效果乃至成败。在本实验中以 Stöber 方法实现 La$_2$O$_3$:Eu^{3+}纳米粉体的 SiO$_2$ 包覆。

2.3.1 包覆实验的逐步改进

(1)实验中将含有 200 mL 异丙醇、20 mL 去离子水和 10 mL 氨水和 0.5 g La$_2$O$_3$:Eu^{3+}纳米粉体的悬浊液在磁力搅拌下升温至 80 ℃(为了提高反应速度),然后一次性加入 0.578 mL 正硅酸乙酯及 4 mL 氯仿,保持搅拌及恒定温度,对最终所得的样品进行 TEM 测试,如图 2.3(a)所示。

由 TEM 测试结果可见,本次实验基本没能实现 La$_2$O$_3$:Eu^{3+}粉体的 SiO$_2$ 包覆(仅出现个别包覆颗粒)。在较高的温度(80 ℃)下,SiO$_2$ 已经自行成粒,而没能实现以 La$_2$O$_3$:Eu^{3+}纳米颗粒为核的附着沉积。分析原因:较高的温度使得 SiO$_2$ 自行成核速度很快,超过了向 La$_2$O$_3$:Eu^{3+}纳米颗粒附着沉积的速度,一旦 SiO$_2$ 自行成核,将进一步被附着沉积而长大。

(2)在室温下磁力搅拌含有 200 mL 异丙醇、20 mL 去离子水和 10 mL 氨水和 0.5 g La$_2$O$_3$:Eu^{3+}纳米粉体悬浊液,然后一次性加入 0.578 mL 正硅酸乙酯及 4 mL 氯仿,保持搅拌及恒定温度,对最终所得样品进行 TEM 测试,如图 2.3(b)所示。

由 TEM 测试结果可见,在 TEM 图片中出现了个别包覆 SiO$_2$ 的 La$_2$O$_3$:Eu^{3+}颗粒,而 SiO$_2$ 依然自行成粒,基本没能实现以 La$_2$O$_3$:Eu^{3+}颗粒为核的附着沉积。分析原因:较低的温度抑制了 SiO$_2$ 自行成核的速度,但与向 La$_2$O$_3$:Eu^{3+}颗粒附着沉积的速度相比依然有优势,因此无法实现有效的包覆。

(3)在室温下磁力搅拌含有 200 mL 异丙醇、20 mL 去离子水和 10 mL 氨水和 0.5 g La$_2$O$_3$:Eu^{3+}纳米粉体的悬浊液,在 120 min 内分 3 次加入 0.578 mL 正硅酸乙酯及 4 mL 氯仿,保持搅拌及恒定温度,对最终所得样品进行 TEM 测试,如图 2.3(c)所示。

由 TEM 测试结果可见,包覆效果有明显改善,基本实现了以 La$_2$O$_3$:Eu^{3+}颗粒为核的附着沉积,但 SiO$_2$ 自行成粒现象依然存在。分析原因:在较长时间内将正硅酸乙酯分数次加入,这样其浓度就一直保持在较低的水平,较好地抑制了 SiO$_2$ 自行成核的速度,这使得向 La$_2$O$_3$:Eu^{3+}颗粒的附着沉积成为主要的 SiO$_2$ 形成方式,因此包覆效果改善明显。

(4)在室温下,磁力搅拌含有 150 mL 异丙醇、20 mL 去离子水和 10 mL 氨水和 0.5 g La$_2$O$_3$:Eu^{3+}纳米粉体的悬浊液,在 160 min 内分 4 次加入 0.578 mL 正硅酸乙酯及 4 mL 氯仿,保持搅拌及恒定温度,对最终所得样品进行 TEM 测试,如图 2.3(d)所示。

由 TEM 测试结果可见,颗粒的包覆效果良好,实现了以 La$_2$O$_3$:Eu^{3+}颗粒为核的附着沉积,SiO$_2$ 自行成粒现象轻微。分析原因:在更长时间内分数次加入正硅酸乙酯使其保持在较低浓度的基础上,适当减小异丙醇的用量,进而增大了悬浊液中 La$_2$O$_3$:Eu^{3+}粉体颗粒的密度，这进一步抑制了 SiO₂ 的自行成粒而促进了向 La₂O₃：Eu³⁺颗粒的附着沉积，因此包覆效果进一步得到提高。

（5）进一步的实验结果证明，即便改善了包覆工艺，但在一次 Stöber 方法包覆过程中能够实现的 SiO₂ 包覆层厚度是有限的。对于平均尺寸为 30 nm 的 La₂O₃：Eu³⁺粉体，在一次具有较好效果的 Stöber 方法包覆过程中，SiO₂ 的最大沉积质量约为 La₂O₃：Eu³⁺粉体的 50%。更厚的 SiO₂ 层无法在一次包覆实验中实现，但可以将已经包覆了一定厚度 SiO₂ 的样品离心分离取出并烘干，之后将其作为沉积核再次以 Stöber 方法进行更厚的包覆。

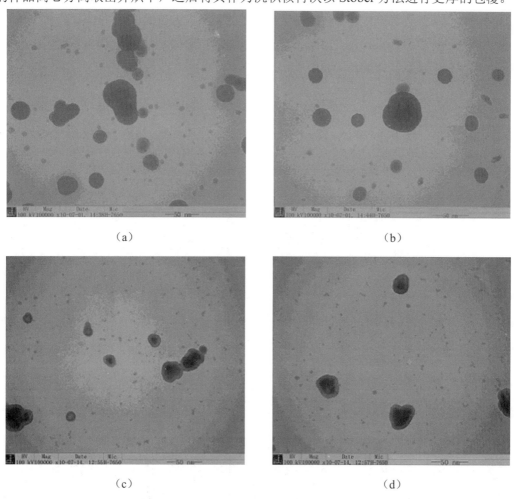

（a）　　　　　　　（b）

（c）　　　　　　　（d）

图 2.3　四次实验所得 La₂O₃：Eu³⁺纳米样品的 TEM 图片

2.3.2　包覆效果的接触角测试

TEM 测试的结果表明，经过 Stöber 包覆方法的逐步实验改进，已经实现了 La₂O₃：Eu³⁺纳米粉体良好的 SiO₂ 包覆。TEM 测试得到的实验结果具有直观性，样品被选取部分的形貌以及内部结构清晰可见。然而，TEM 测试实验具有抽样检测的性质，可靠性不足，在测试纳米粉体样品时只是观测了极少数的粒子，而作为大量粒子的样品整体情况，无法给出完全可靠的结论。为了检测 La$_2$O$_3$：Eu^{3+}纳米粉体的 SiO$_2$ 包覆总体效果，实验中采用了接触角测试方法。

在接触角测试实验前，合成被测包覆 SiO$_2$ 的 La$_2$O$_3$：Eu^{3+}样品时降低了正硅酸乙酯的用量（将 SiO$_2$ 与 La$_2$O$_3$：Eu^{3+}质量比设为 1：4），目的是为了测试在 SiO$_2$ 沉积量很小的情况下能否实现对 La$_2$O$_3$：Eu^{3+}粉体的充分包覆。

实验的依据为不同的材料具有不同的表面张力，因此如果测定了所合成的包覆样品的表面张力数据，并与包覆材料及被包覆材料各自的表面张力数据进行对比，即可对包覆效果做出客观的评价。衡量材料表面张力大小的实验数据可以是某种液体对材料的接触角，实验中采用停滴法测量接触角，如图 2.4 所示。

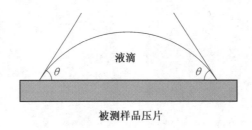

图 2.4　停滴法测量接触角示意图

实验设备为 KURSS-K12 表面张力仪。以同样的 Stöber 方法制得 SiO$_2$ 粉体样品。在测试接触角前，将纯净的 SiO$_2$ 粉体样品、纯净的 La$_2$O$_3$：Eu^{3+}粉体样品，以及包覆 SiO$_2$ 的 La$_2$O$_3$：Eu^{3+}粉体样品分别压制成平滑的薄片（在 0.9 t/cm^2 的压强下保持 20 min），每种样品压制三个薄片，从左、右两侧对接触角各测量一次，实验所测得的接触角数据见表 2.4。

表 2.4　接触角测量数据

SiO$_2$ 样品			La$_2$O$_3$：Eu^{3+}样品			包覆 SiO$_2$ 的 La$_2$O$_3$：Eu^{3+}样品		
左	右	平均值	左	右	平均值	左	右	平均值
25.7°	26.1°	25.9°	36.2°	36.4°	36.3°	26.7°	26.4°	26.55°
26.5°	26.3°	26.4°	34.4°	34.1°	34.25°	27.2°	27.4°	27.3°
25.4°	25.5°	25.45°	35.3°	35.5°	35.4°	26.9°	26.6°	26.75°

由测试数据可见，在每种样品的三次测试中，包覆 SiO$_2$ 的 La$_2$O$_3$：Eu^{3+}样品的各接触角平均值（26.55°、27.3°、26.75°）趋近于 SiO$_2$ 样品的各接触角平均值（25.9°、26.4°、25.45°），而与 La$_2$O$_3$：Eu^{3+}样品的各接触角平均值（36.3°、34.25°、35.4°）有着明显的差距，由此证明了 SiO$_2$ 对 La$_2$O$_3$：Eu^{3+}粉体进行了充分包覆。

2.4　本章小结

（1）采用甘氨酸-稀土硝酸盐燃烧法合成 Y_2O_3：Eu^{3+} 和 La_2O_3：Eu^{3+} 纳米粉体。在合成 La_2O_3：Eu^{3+} 纳米粉体过程中，当 $0.7<G/N<1.8$ 时，生成物为 La_2O_3 与 $La(OH)_3$ 两相混合物。经 600 ℃/60 min 的热处理，得到纯相 La_2O_3：Eu^{3+} 纳米粉体，且纳米尺寸随 G/N 下降而减小，极限约为 9 nm。当 $2.0<G/N<2.9$ 时，生成物为 La_2O_3 与 $La_2(CO_3)_3$ 两相混合物。经 800 ℃/30 min 的热处理，得到纯相 La_2O_3：Eu^{3+} 纳米粉体，且纳米尺寸恒约 31.3 nm，不随 G/N 而变化。

（2）采用 Stöber 方法对 La_2O_3：Eu^{3+} 纳米粉体进行 SiO_2 包覆，在较低温度和较高 La_2O_3：Eu^{3+} 纳米粉体悬浊液浓度情况下，在较长时间内将正硅酸乙酯分数次加入以使其浓度保持在较低水平，获得了良好的包覆效果。

（3）采用接触角测试方法检测包覆 SiO_2 的 La_2O_3：Eu^{3+} 纳米粉体的总体包覆效果，证明了即使在 SiO_2 沉积量很小的情况下（SiO_2 与 La_2O_3：Eu^{3+} 的质量比为 1：4）依然实现了对 La_2O_3：Eu^{3+} 粉体的充分包覆。

第3章 阴极射线发光适用 Y_2O_3：Eu^{3+}荧光材料的制备与形貌改进

Y_2O_3：Eu^{3+}是最为典型而具有代表性的常用荧光材料，广泛应用于阴极射线发光中。实验指出，阴极射线发光中合适的荧光材料尺寸在微米量级，且荧光材料的尺寸一致性与形貌规则性对发光与显示性能有着重要的影响。

本章首先以溶胶-凝胶法制备了 Y_2O_3：Eu^{3+}荧光材料粉体，探讨了后续烧结过程中温度与时间对粒子生长以及尺寸和形貌的影响，引入微米级 Y_2O_3：Eu^{3+}粉体的形貌改进方法，探讨了对于微米量级或者更大尺寸的荧光材料粉体，快速烧结-轻度研磨过程的综合运用对改善粒子尺寸一致性、形状规则性与粒子分散性有重要作用。

3.1 Y_2O_3：Eu^{3+}荧光材料 Pechini 型的溶胶-凝胶方法制备

Y_2O_3：Eu^{3+}荧光材料的溶胶-凝胶方法制备过程：

（1）按照阳离子摩尔比（Eu/Y=1/99）称量 0.055 6 g 三氧化二铕和 17.772 1 g 硝酸钇加入 20 mL 稀硝酸（体积比为 1:1）中，在磁力搅拌下加热至 70 ℃形成水溶液。

（2）将 70.0 g 柠檬酸、90 mL 乙二醇和 5.0 g 聚乙二醇加入上述水溶液中，以 80 ℃加热及连续磁力搅拌 7 h 而获得凝胶。

（3）将所得到的凝胶放入 10 mL 陶瓷坩埚中，在程控电炉中于 300 ℃预加热 120 min，然后升至不同温度烧结不同时间，除去有机材料，获得 Y_2O_3：Eu^{3+}粉末样品。

3.2 Y_2O_3：Eu^{3+}荧光材料的烧结过程分析

在利用溶胶-凝胶方法制备 Y_2O_3：Eu^{3+}粉体的实验中，不同烧结时间（图 3.1）和不同烧结温度（图 3.2）所得粉体样品的 XRD 衍射谱图与标准 Y_2O_3 衍射谱图（立方 Y_2O_3 的 JCPDS Card（NO.05-0574））能够较高程度地吻合，说明样品在烧结过程中得到了晶化，Eu^{3+}作为替位离子的掺入没有对 Y_2O_3 的晶格结构产生影响。

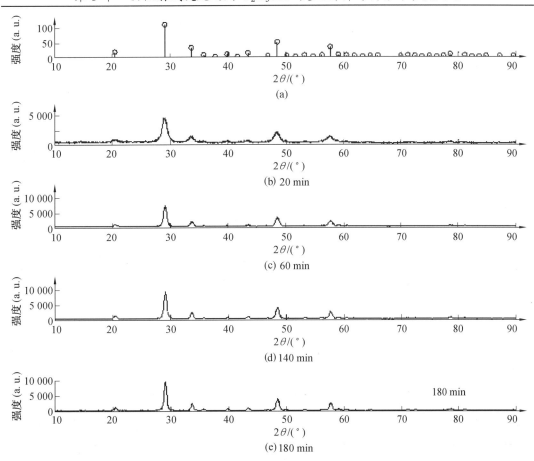

图3.1　不同烧结时间的Y_2O_3：Eu^{3+}粉体的X射线衍射谱图（烧结温度为800 ℃）

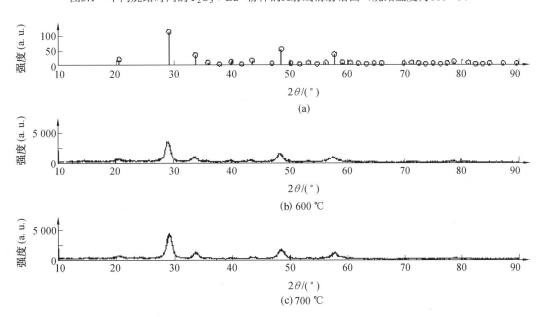

图3.2 不同烧结温度的Y_2O_3：Eu^{3+}粉体的X射线衍射谱图（烧结时间为60 min）

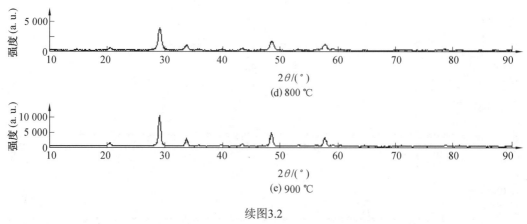

续图3.2

依据谢乐公式可求得样品单晶颗粒的尺寸在十几纳米之内,见表 3.1。但由扫描电子显微镜对粉体粒子形貌进行观察可知,如图 3.3 所示,纳米粉体粒子的团聚现象明显,形貌为亚微米至微米量级的团聚体。

表 3.1　Y$_2$O$_3$：Eu^{3+}纳米颗粒尺寸随烧结时间及温度的变化

烧结时间（800 ℃）/ min	20	60	140	180
纳米尺寸/ nm	9.67	12.55	14.70	16.94
烧结温度（60 min）/℃	600	700	800	900
纳米尺寸/ nm	4.54	6.42	12.55	19.33

由表 3.1 所给出的数据可见,烧结过程中纳米颗粒的尺寸随着烧结时间的延续或烧结温度的提高而增大,而温度对其的影响尤为显著。纳米颗粒体积的增长速率与其体积、形状、物质的丰富程度等直接相关,这些因素随着烧结的进程而变化,因而可用随时间变化的参数 A_t 加以总体概括。纳米颗粒体积的增长速率也与周围物质输运的难易程度直接相关,纳米颗粒附近以频率γ_0热振动的材料原子、离子等由其低能位置越过一定势垒 E_0 而占据纳米颗粒表面上的低能位置,实现颗粒的生长,而其跃过势垒的概率为 $\exp\left(-\dfrac{E_0}{KT}\right)$,则纳米颗粒体积随时间和温度的变化可表达为

$$V(t) = A_t \cdot \gamma_0 \cdot t \cdot \exp\left(-\frac{E_0}{KT}\right) \qquad (3.1)$$

根据此二元函数（t，T）同样可以得到结论,即相比于时间的影响,纳米颗粒的生长、粒子间的结合生长、粒子形状的变化对温度更加敏感。由图 3.3 可见,烧结时间的变化对尺寸及形貌的影响较小,而烧结温度的变化对尺寸及形貌的影响颇为显著。

（a）60 min/700 ℃　　　　　　　　（b）180 min/700 ℃

（c）700 ℃/60 min　　　　　　　　（d）900 ℃/60 min

图3.3　不同烧结条件下得到的Y_2O_3：Eu^{3+}荧光粉体的SEM图片

对粉体烧结过程的细致分析可以抽象出三种典型的形体转化过程：

（1）单个粒子的形体规则化过程。

（2）尺寸相仿粒子的黏结合并过程。

（3）大粒子对小粒子的吸收过程。

这三种过程并无实质区别，从能量角度分析，这三种过程是在表面能趋于最低的趋势下的物质输运过程。在第一种情况中，单个粒子表面上的凸起与凹陷处具有较大的曲率，凸起与凹陷的消失伴随粒子表面面积及表面能的迅速减小。在第二种情况中，两粒子的黏结处形成黏结面并逐渐扩大为烧结颈，最终趋势是两粒子合并并球形化。在第三种情况中，小粒子转化成大粒子表面的凸起并逐渐被吸收而消失。烧结过程是这三种抽象过程相综合的形体转化过程，即粒子在自身规则化的同时也在与其他粒子黏结合并、吸收小粒子，或者被更大的粒子吸收。

尺寸越小的粉体粒子具有越大的相对表面积（$\propto 1/r$）和表面能，在烧结中具有更大的活性和黏结生长速度。这是由于烧结中的黏结合并过程是表面积的收缩和表面能的下降过程，而粒子尺寸越小则收缩或下降得越迅速。

尺寸微小的粒子具有大的黏结生长速度还与另一个因素有关，即熔点下降效应。按定义，熔点是指在一定的压强下物质的液相与固相具有相同的蒸气压而可以平衡共存的温度。固相和液相的蒸气压均随温度的升高而增加，而液相的蒸气压增加则比较平缓。又依据热力学理论，纳米颗粒越小，其蒸气压越大。由此可绘出纳米颗粒 a、宏观尺寸晶体 b 及其液相 c 的蒸气压与温度关系曲线，如图 3.4 所示。可见，纳米颗粒的熔点低于宏观尺寸晶体的熔点（$T_\mathrm{f}^r < T_\mathrm{f}$），经具体推导过程为

$$\Delta T = T_\mathrm{f}^r - T_\mathrm{f} = -\frac{2V_\mathrm{m}\sigma T_\mathrm{f}}{\Delta_\mathrm{s}^\mathrm{l} H_\mathrm{m}} \cdot \frac{1}{r} \tag{3.2}$$

式中，V_m 为摩尔体积；σ 为表面张力；$\Delta_\mathrm{s}^\mathrm{l} H_\mathrm{m}$ 为熔化热；r 为晶体尺寸。

由式（3.2）可推算出，当多种材料的尺寸为纳米量级时，熔点将大幅度下降。例如，纳米 Ag 的熔点为 373 K，而体材料 Ag 的熔点为 1 173 K；Pb 体材料的熔点为 600 K，而 20 nm 尺寸的 Pb 颗粒熔点降至 288 K；常规 Al_2O_3 的烧结温度为 2 073～2 173 K，在一定条件下，纳米 Al_2O_3 的烧结温度为 1 423～1 773 K。

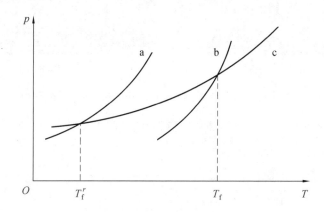

图3.4　蒸气压与温度的关系曲线

a—纳米颗粒；b—宏观尺寸晶体；c—液相

如图 3.5 所示，在两球烧结模型中，作用于烧结颈的应力为

$$\sigma = \frac{\gamma}{\rho} \tag{3.3}$$

式中，γ 为材料的表面张力；ρ 为烧结颈的曲率半径。

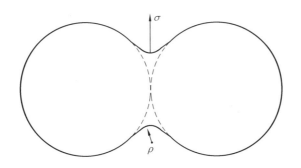

图3.5　两球烧结模型

可见，表面张力是烧结颈上应力的根源。应力的作用使烧结颈表面和内部的晶格内形成空位所需的激活能降低，使烧结颈处具有较高的空位浓度，原子向烧结颈处扩散。另外，原子沿晶界的扩散只需较小的激活能，而在粒子之间的黏结处往往形成晶界，因此一般情况原子沿晶界的扩散是烧结颈生长的主要因素。

与尺寸较小粒子的黏结生长、形体规则化过程相比，较大粒子间的黏结合并是相对较慢的过程。其原因在于，烧结过程中较大粒子间的烧结颈一般具有较大的曲率半径和较小的曲率，因此产生的应力较小，物质的输运速度较小。另一方面，较大粒子间的黏结合并需要较大的物质输运量，这是黏结合并速度较慢的第二个原因。

综上所述，适当温度下的烧结过程将促进 Y_2O_3：Eu^{3+}粉体中尺寸较小粒子的较快生长以及适度尺寸粒子的形体规则化。通过控制烧结时间可以直接控制较慢的物质输运过程，即较大粒子间的黏结合并。

3.3　微米级 Y_2O_3：Eu^{3+}粉体的形貌改进

出于 Y_2O_3：Eu^{3+}粉体材料尺寸一致性的考虑，需要粉体材料中尺寸较小粒子的较快生长，同时抑制尺寸较大粒子的生长。前述烧结过程的分析已经为实现这一目的给出了途径。在烧结过程中尺寸较小粒子的生长较为迅速，同时较大粒子的生长涉及较大量的物质输运过程，受时间影响显著。因此，为了实现尺寸较小粒子的快速生长并抑制较大粒子的生长，在形貌改进工艺中引入快速烧结过程。

出于粉体粒子尺寸一致性和良好分散性的考虑，在需要较小粒子进一步长大的同时，也需要尺寸适度粒子间黏结的打破以及尺寸过大粒子的分裂。在本研究中，在 Y_2O_3：Eu^{3+}粉体快速烧结过程之后引入轻度研磨过程，轻度研磨过程为适当强度和时间的机械作用过程。在适当的研磨强度下，尺寸过大的粉体粒子将优先被分裂，这是由于这一部分粒子将有更多的机会承受研磨应力；尺寸小一些的粒子被分裂的概率则较小，但粒子间的黏结却很容易在研磨中被打破而使粒子之间分散开。小粒子本身以及小粒子之间的黏结由于受到大粒子间空隙的保护而在研磨过程中受到的影响较小。由此可见，在快速烧结过程之后可以引入轻度研磨过程，此过程将有效地抑制烧结过程中部分粒子尺寸的过度增长、尺寸适度粒子的黏结合并等不良影响。

经过一次烧结与研磨处理后的 Y_2O_3：Eu^{3+} 粉体粒子，其中的小粒子仍需要进一步长大，尺寸适度的粒子和分裂后的大粒子块体仍需要进一步形状规则化，研磨过程中造成的晶格损伤也需要在较高温度下恢复，因此引入新一次的快速烧结过程。鉴于研磨过程的积极作用，此次烧结过程之后再引入研磨过程。这样，经过反复交替的烧结与研磨过程，粉体粒子的形貌将得到改善，尺寸一致性、形状规则性、粒子分散性随烧结与研磨次数的增加而逐步提高。

实验证明，烧结温度是需要准确设定的最重要的工艺参数。温度过低，粉体粒子形貌将在烧结过程中只发生微小的变化。温度过高，将使粉体粒子迅速合并生长成为尺寸过大的粒子而无法控制；在烧结-研磨相结合的形貌改进过程中，如果烧结温度较低，则研磨过程将起到相对更大的作用，使得粉体粒子得到较好的分散，如图 3.6 所示，对烧结温度过低情况下所得粉体进行 SEM 测试。同样，如果烧结温度过高，粉体粒子会发生黏结熔合而过度增长。

（a）第一次　　　　　　　　　　　　　　　（b）第四次

图3.6　不同烧结（700 ℃）-研磨（30 min）次数下得到的Y_2O_3：Eu^{3+}粉体的SEM图片

实验证明，烧结-研磨工艺方法对平均尺寸较大的粉体粒子的形貌改进产生更好的效果，且工艺过程更易控制。微米级 Y_2O_3：Eu^{3+}粉体制备中合适的烧结温度为 800 ℃（Y_2O_3：Eu^{3+}体材料的熔点为 2 410 ℃）。鉴于最终目的是得到尺寸符合要求的粉体粒子，因此要求设计的工艺方法能够有效控制粉体粒子的尺寸。如果烧结时间适当缩短而研磨时间适当延长，粉体粒子的总体尺寸将小些；反之，粉体粒子的总体尺寸将大些，如图 3.7 所示。在实验中以此方法成功制备了不同尺寸的 Y_2O_3：Eu^{3+}微米级粉体。进一步的实验表明，此方法同样适用于制备不同尺寸的 La_2O_3：Eu^{3+}微米级粉体。将微米粉体进一步进行较高温度烧结-研磨处理，很容易制得微米级粉体。

（a）烧结（800 ℃/10 min）–研磨（30 min） （b）烧结（800 ℃/15 min）–研磨（30 min）

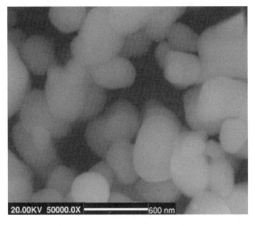

（c）烧结（800 ℃/20 min）–研磨（30 min）

图3.7 三次烧结–研磨后的Y_2O_3：Eu^{3+}粉体SEM图片

3.4 本章小结

在适当温度的快速烧结过程中存在着对 Y_2O_3：Eu^{3+}粉体粒子形貌改进有利的影响，如小粒子的迅速合并增长，尺寸适度粒子的形体规则化，同时抑制了较大粒子的生长。轻度研磨过程的引入进一步抑制了烧结中部分粒子尺寸的过度增长并提高粒子分散性。

以快速烧结–轻度研磨过程的综合运用方法制得了不同尺寸的 Y_2O_3：Eu^{3+}微米粉体，它们具有良好的尺寸一致性、形状规则性与分散性。作为最重要而需要准确设定的工艺参数，烧结温度过高将使粉体粒子迅速合并而无法控制，温度过低则粒子形貌只发生微小变化。实验证明，在微米级 Y_2O_3：Eu^{3+}粉体制备中合适的烧结温度为 800 ℃。

本章所研究的微米级 Y_2O_3：Eu^{3+}粉体的形貌改进方法具有普适性，适用于多种微米级及更大尺寸荧光材料粉体的形貌改进。

第4章 荧光材料样品的导电性改进

在本章的实验研究中，涉及合适的荧光材料样品的制备以及对所得荧光材料样品的物相组成、形貌及发光性能等各种测试方法。我们对所制备的荧光材料样品进行了X射线粉末衍射分析、场发射扫描电子显微镜分析、激发光谱和发射光谱的荧光性能分析等。这里着重介绍荧光材料样品的制备过程与表征方法。

在本章的实验研究中，所用的化学试剂及材料列于表4.1中。

表4.1 实验中所用的化学试剂及材料

名称	分子式	规格
三氧化铕	Eu_2O_3	99.99%
三氧化钇	Y_2O_3	99.99%
硝酸钇	$Y(NO_3)_3 \cdot 6H_2O$	分析纯
硝酸	HNO_3	分析纯
甘氨酸	NH_2CH_2COOH	分析纯
异丙醇	C_2H_8O	分析纯
柠檬酸	$C_6H_8O_7$	分析纯
乙二醇	$C_2H_6O_2$	分析纯
聚乙二醇	$HO(CH_2CH_2O)_nH$	分析纯
无水乙醇	C_2H_6O	分析纯
异丙醇铟	$In[OCH(CH_3)_2]_3$	分析纯
铜纳米线	CuNWs	d（直径）=50 nm；l（长度）=2.0 μm
多壁碳纳米管	CNTs	d=8 nm；l=10～30 μm
多层石墨烯	GPNs	微米级

4.1　实验材料样品的制备

（1）掺杂 In_2O_3 的 Y_2O_3:Eu^{3+} 荧光材料的制备。

首先采用溶胶-凝胶法合成亚微米量级 Y_2O_3：Eu^{3+} 荧光材料，再将亚微米量级 Y_2O_3：Eu^{3+} 荧光材料经数次烧结与研磨处理，最终获得具有较高尺寸一致性、形貌规则性的微米量级荧光材料样品。

在溶胶-凝胶过程中，借助异丙醇铟（$In[OCH(CH_3)_2]_3$）的水解，将微米量级 Y_2O_3：Eu^{3+} 荧光材料附着以氧化铟（In_2O_3）导电成分，即将 Y_2O_3：Eu^{3+} 微米量级荧光粉体、水解用水和异丙醇加入铟的醇盐溶液。在 80 ℃下搅拌，期间发生水解和缩合。将所得产物干燥并在 300 ℃下加热 3 h，形成掺杂 Y_2O_3 的 In_2O_3：Eu^{3+} 荧光材料。

（2）$CuNWs/In_2O_3$ 共掺的 Y_2O_3：Eu^{3+} 荧光材料的制备。

在掺杂 Y_2O_3 的 In_2O_3：Eu^{3+} 荧光材料的制备过程中，将已经超声处理 2 h 的一定量铜纳米线（平均直径为 50 nm，平均长度为 2.0 μm）的乙醇溶液加入铟的醇盐溶液中，最终形成 $CuNWs/In_2O_3$ 共掺的 Y_2O_3：Eu^{3+} 荧光材料。

（3）混合 Y_2O_3 的 $CuNWs$：Eu^{3+} 荧光材料的制备。

在溶胶-凝胶法制备 Y_2O_3：Eu^{3+} 荧光材料的过程中，在将柠檬酸、乙二醇和聚乙二醇加入水溶液的同时，再加入超声处理 2 h 的铜纳米线乙醇溶液，其他步骤不变，但烧结过程需以氮气保护，烧结温度不超过 500 ℃，最后得到混合 Y_2O_3 的 $CuNWs$：Eu^{3+} 荧光材料。

（4）引入 Y_2O_3 的 CNT：Eu^{3+}、引入 Y_2O_3 的 GPN：Eu^{3+} 及引入 Y_2O_3 的 CNT/GPN：Eu^{3+} 荧光材料的制备。

在溶胶-凝胶法制备 Y_2O_3：Eu^{3+} 荧光材料的过程中，在将柠檬酸、乙二醇和聚乙二醇加入水溶液的同时，加入高功率超声分散的多壁碳纳米管乙醇溶液（多层石墨烯乙醇溶液，或者 CNT/GPN 混合乙醇溶液），其他步骤不变，但最后的烧结过程需在氮气气氛中，最终得到引入 Y_2O_3 的 CNT：Eu^{3+} 荧光材料（引入 Y_2O_3 的 CNT：Eu^{3+} 或者引入 Y_2O_3 的 CNT/GPN：Eu^{3+} 荧光材料）。采用的多壁碳纳米管直径为 8 nm，长度为 10～30 μm，电导率约为 1.5×10^2 S/cm；多层石墨烯的尺寸则为微米级。

4.2　相关实验

（1）荧光材料样品的导电性测量实验。

为了测定荧光材料样品的电阻率，在 1.5×10^2 MPa 的压强下，将每个样品制成直径 $2r=13$ mm、厚度 $d=2$ mm 的圆柱体。在每个样品主体两个底面以金属铝（Al）淀积形成电极。用 769YP-24B 型电阻仪测定样品电阻，电阻率由如下公式求得

$$\rho = \frac{\pi \times r^2}{d} \times R$$

（2）荧光材料样品的晶相表征实验。

所用设备为 X 射线衍射仪（Rigaku-D/max 2500），相关参数：Cu-K$_\alpha$射线源，石墨单色器，Ni 滤波，λ= 0.154 06 nm，管电流为 50 mA，管电压为 40 kV，扫描分辨率为 0.02°、扫描范围为 0°～90°。

（3）荧光材料样品的形貌表征实验。

所用设备为热场扫描电子显微镜（KYKY-1000B）。相关参数：工作电压 100 kV，分辨率为 0.204 nm，放大倍数为 1 万～8 万倍。在形貌表征之前需进行蒸镀导电膜（喷金）处理。

（4）阴极射线发光实验。

阴极发光测量在超高真空室（<10^{-7} kPa）中进行，其中样品在不同电流密度和固定电压（2 kV）下激发，使用 F-7000 分光光度计记录发射光谱。为了实现测试结果的可比性，将样品在金属基材上制成具有相同厚度的薄层。

第 5 章　电荷迁移激发下 Eu^{3+} 掺杂纳米发光材料发光中心的猝灭机理

作为最重要的稀土发光材料，Eu^{3+} 掺杂发光材料因具备优良的光学性能而在荧光照明与显示领域得到了广泛的应用。随着纳米科学与技术的发展，纳米稀土发光材料在高分辨率成像领域的潜在应用价值逐渐凸显，光学器件与装置小型化的发展趋势要求对纳米发光材料的物理特性具备充分的理解。纳米稀土发光材料显示出了一系列相应体材料所不具备的结构、电子学以及光学特性，在基础研究中纳米稀土发光材料的独特性质开始得到关注。随着稀土发光材料在纳米量级内的尺寸减小，发光效率的下降变得明显，纳米稀土发光材料发光效率的下降是该尺度材料在实际应用中所面临的重要问题，涉及发光材料的有效性。发光效率随纳米尺寸的下降在许多文献中被报道或提及，并将这种普遍现象笼统地归因于从激发态发光离子到猝灭中心的能量传递。然而事实上影响发光效率的原因必定很复杂，对于不同种类的稀土发光材料和不同的激发方式，发光效率的下降机制不可能只有一种。CT 激发是 Eu^{3+} 掺杂发光材料的重要激发方式，在 CT 激发过程中，一个电子从发光中心的配体跃迁至中心 Eu^{3+}，发光中心由此处于 CTS，在发光中心随后的退激发过程中心 Eu^{3+} 得到一部分 CTS 能量后被激发至 ^5D 激发态，由此发生跃迁辐射。

基于体材料和纳米材料局部结构的差别，本章指出了 Eu^{3+} 掺杂纳米发光材料中发光中心零声子电荷迁移能的下降以及 CTS 坐标偏差的增加，进而进一步揭示了发光中心的猝灭机理。纳米发光材料发光特性的研究是重要的，而其中针对发光效率的研究尤为重要。目前针对 Eu^{3+} 掺杂纳米稀土发光材料发光猝灭机理的研究具有突出价值，并可作为提高其发光效率的基础。

5.1　Eu^{3+} 掺杂纳米发光材料发光中心的零声子电荷迁移能

5.1.1　晶格结构随纳米尺寸的下降而变化

随着 Eu^{3+} 掺杂发光材料在纳米量级内的尺寸减小，发光效率的下降变得明显，这是在以往的研究和实际应用中早已发现但一直未能得到深入理解和有效克服的普遍现象。例如，Y$_2$O$_3$：Eu^{3+}是应用最为广泛的红色光发光材料，体相的 Y$_2$O$_3$：Eu^{3+}荧光粉体材料具有优良的发光性能。但当 Y$_2$O$_3$：Eu^{3+}荧光粉体的尺寸从微米级（体材料）降至 10 nm 以下时，其量子效率将由 100%降至 2%左右。毫无疑问，发光效率随着材料纳米尺寸的下降而下降的现象应归因于体材料与纳米材料之间的结构差别。因此，明确体材料与纳米材料的结构特征是研究材料发光效率差别的前提。

在体相 Y$_2$O$_3$：Eu^{3+}中，作为替位式掺杂离子（替位于 Y^{3+}），Eu^{3+}在立方 Y$_2$O$_3$基质晶格中占据两种对称性格位，即低对称性的 C$_2$ 格位和高对称性的 C$_{3i}$ 格位。两种格位的 Eu^{3+}的配位环境如图 5.1 所示。

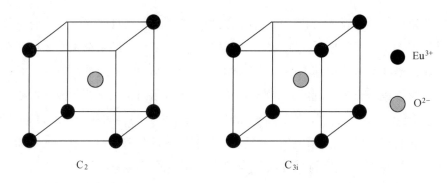

图 5.1　在 Y$_2$O$_3$：Eu^{3+}晶格中 Eu^{3+}的两种格位配位环境

纳米发光材料的局部结构可以借助广延 X 射线微结构分析技术来研究，这是一种合适的能够得到定量实验结果的技术手段。齐泽明等人研究了纳米 Y$_2$O$_3$：Eu^{3+}发光材料的局部结构，扩展 X 射线吸收精细结构（Extended X-ray Absorption Fine Structure，EXAFS）实验结果显示 Y^{3+}和 Eu^{3+}周围的局部结构与体材料相比发生了明显的变化而更加复杂。首先，Y-O 和 Eu-O 的平均键长明显地增加了；其次，Y^{3+}和 Eu^{3+}的配位数由 6 分别增至 6.8 和7.9；最后，体现局部紊乱程度的德拜-谢乐因子 σ 比相应体材料的 σ 大得多。将 Y$_2$O$_3$：Eu^{3+}体材料与纳米材料局部结构的数据对比列于表 5.1。

表 5.1　Y$_2$O$_3$：Eu^{3+}体材料与纳米材料局部结构的数据对比

试样	键	配份数 N	位形坐标 R/Å	σ^2/Å^2
S$_1$	Y-O	6 ± 0.5	2.34 ± 0.01	$0.005\,9\pm0.001\,6$
S$_2$	Y-O	6.8 ± 0.5	2.43 ± 0.02	$0.010\,8\pm0.004\,7$
S$_1$	Eu-O	6 ± 0.5	2.35 ± 0.02	$0.006\,6\pm0.002\,1$
S$_2$	Eu-O	7.9 ± 0.8	2.44 ± 0.03	$0.016\,1\pm0.006\,4$

注：1 Å = 0.1 nm。

众所周知，在稀土发光材料中，Eu^{3+}的局部格位环境对其光谱特性有着极大的影响，因此 Eu^{3+}具有荧光探针作用，依据其发射光谱的变化可以探知材料局部结构的变化。发射光谱是发光材料在某一波长激发光的激发下，发射光强度（能量分布）随发射波长变化的谱图。鉴于不同的发光材料和不同的激发机制，光发射机制也是不同的。实验中对 Y$_2$O$_3$：Eu^{3+}粉体样品进行了发射光谱测试，所用设备为荧光光谱仪（PL FLS 920），以 150 W 的氙灯作为激发光源。设备的相关参数：激发波长范围为 100～500 nm，发射波长范围为 400～800 nm。

不同尺寸 Y$_2$O$_3$：Eu^{3+}纳米材料的发射光谱如图 5.2 所示。由发射光谱的差异可见，随着材料纳米尺寸的下降（G/N 减小），不仅发光强度下降，而且发光峰的形状与位置也随之明显变化，因此发射光谱的差异也充分证明了 Y$_2$O$_3$：Eu^{3+}纳米材料的结构随尺寸的变化。

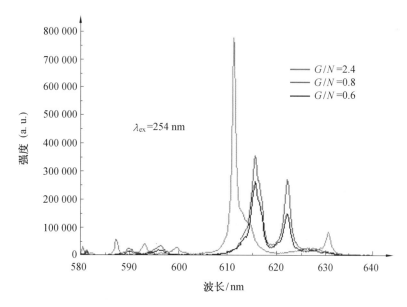

图 5.2 不同纳米尺寸 Y$_2$O$_3$：Eu^{3+}纳米材料的发射光谱

5.1.2 禁带宽度及零声子电荷迁移能下降

依据布洛赫（Bloch）定理，在长程有序结构的晶体中，周期性势场中电子的共有化运动由布洛赫波函数 $\psi_k(r) = u_k(r) \cdot e^{ikr}$ 描写，其中 $u_k(r)$ 为晶格周期函数。相应的电子态属于离域态，可能的离域态能级形成能带。按照固体物理的相关理论，当晶体内发生体积形变（体积收缩或体积膨胀）时，导带底 E_c 和价带顶 E_v 将下降或升高，E_c 与 E_v 之间的相对移动导致禁带宽度 E_g 发生变化。E_c、E_v 及 E_g 的变化幅度正比于晶体的相对体积形变 $\Delta V/V_0$，即

$$\Delta E_{\text{c}} = E_{\text{c}} - E_{\text{c0}} = \varepsilon_{\text{c}} \frac{\Delta V}{V_0} \qquad (5.1\text{a})$$

$$\Delta E_{\text{v}} = E_{\text{v}} - E_{\text{v0}} = \varepsilon_{\text{v}} \frac{\Delta V}{V_0} \qquad (5.1\text{b})$$

$$\Delta E_{\text{g}} = E_{\text{c}} - E_{\text{v}} = (\varepsilon_{\text{c}} - \varepsilon_{\text{v}}) \frac{\Delta V}{V_0} \qquad (5.1\text{c})$$

式中，ε_{c} 和 ε_{v} 为形变势常数；E_{c0}、E_{v0} 及 V_0 为无体积形变时导带底、价带顶及晶体体积。

在文献中，基于密度函数理论的局部密度近似，经第一性原理计算得出了 Y$_2$O$_3$ 晶体材料的禁带宽度与材料相对体积形变之间的线性关系，如图 5.3 所示。根据该图所给出的数据，可以求得 Y$_2$O$_3$ 晶体材料的禁带宽度与相对体积形变之间的线性关系为

$$\Delta E_{\text{g}} = \Delta E_{\text{c}} - \Delta E_{\text{v}} = -1.90 \times \frac{\Delta V}{V_0}$$

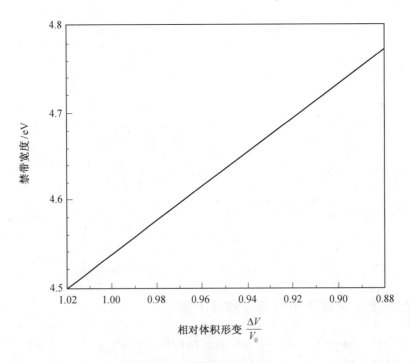

图 5.3　Y$_2$O$_3$ 晶体材料的禁带宽度与相对体积形变之间关系

由 Y$_2$O$_3$：Eu^{3+} 样品的 EXAFS 实验结果（表 5.1）可见，当样品尺寸从体相尺寸下降到 9 nm 时，Y–O 和 Eu–O 的平均键长分别从 2.34 Å 增至 2.43 Å 和从 2.35 Å 增至 2.44 Å。键长的增加意味着 Y$_2$O$_3$：Eu^{3+} 纳米材料体积的膨胀。根据表 5.1 列出的平均键长数据，能够计算出粒径为 9 nm 的 Y$_2$O$_3$：Eu^{3+} 样品的相对体积形变为

$$\left(\frac{2.43}{2.34}\right)^3 - 1 \approx 12\%$$

由此可知相对于体相 Y_2O_3 晶体材料，粒径为 9 nm 的 Y_2O_3：Eu^{3+} 材料的禁带宽度变化幅度
为

$$\Delta E_g \approx -1.90 \times 12\% \approx -0.23 \ E_v$$

在该文献中，依据 Y_2O_3 晶体材料禁带宽度随静压强的变化率以及 Y_2O_3 晶体材料的体积形变模量，求得相对体积形变为 12% 时 Y_2O_3：Eu^{3+} 材料的禁带宽度变化幅度约为 –0.27 eV。由于两个结果是根据不同的近似方法求出的，因此偏差的存在是必然的。所一致的是，根据该文献得出的这两个结果均为十分之几电子伏。根据固体物理中的 Kronig-Penney 模型以及文献中给出的 Y_2O_3 晶体材料的禁带宽度数据（E_g=4.5 eV），同样可以推断 Y_2O_3：Eu^{3+} 样品的尺寸降至 9 nm 时，禁带宽度将随之下降，而且下降幅度同样在十分之几电子伏以内（详见第 6 章）。至此，可以肯定地给出结论：Y_2O_3 晶体材料的尺寸在纳米量级内下降时将导致禁带宽度的下降，下降幅度为十分之几电子伏。

从相关文献中给出的大量 EXAFS 实验数据可以看出，键长或晶格常数的增长是纳米发光材料所具有的一般结构特征。因此，E_c 和 E_v 的下降或升高是纳米发光材料的能带特征，如图 5.4 所示，ΔE_c 和 ΔE_v 在十分之几电子伏以内。有理由推断，纳米发光材料的尺寸越小，相对体积形变（体积膨胀）越明显，E_c 和 E_v 的变化越大，进而禁带宽度 E_g 变化越大。

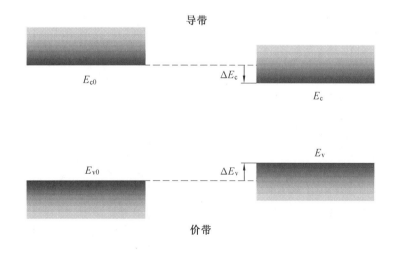

（a）体相 Y_2O_3：Eu^{3+}发光材料　　　（b）纳米 Y_2O_3：Eu^{3+}发光材料

图 5.4　禁带宽度差异示意图

在 Eu^{3+}掺杂发光材料发光中心的电荷迁移激发过程中，一个电子从配体迁移至中心 Eu^{3+}。从能带观点来看，这个电子是从基质晶格的价带顶跃迁到了 Eu^{3+}的基态 $^8S_{7/2}$ 能级，其能量差别为零声子电荷迁移能 E_{zp}。实质上，作为一种缺陷相关的束缚态，Eu^{3+}的基态 $^8S_{7/2}$ 能级处于禁带之中，即处于导带和价带之间。随着 Eu^{3+}掺杂发光材料在纳米量级内的尺寸下降，导带底 E_c 和价带顶 E_v 随之下降或抬升，与此同时 Eu^{2+}的基态 $^8S_{7/2}$ 能级变化幅度较小。这是因为处于 Eu^{2+}内层 4f^7 构型中的电子不处在共有化运动状态，在外部 5s^{2}5p^6 电子层的屏蔽下，其相应的电子态和能级受到晶格体积形变和局部紊乱的影响相对很小。因此，随着禁带宽度的下降，价带顶 E_v 和作为禁带中的杂质能级的 Eu^{3+}基态 $^8S_{7/2}$ 能级之间的能量差（零声子电荷迁移能 E_{zp}）将下降。

Eu^{3+}掺杂纳米发光材料零声子电荷迁移能的下降被 CT 激发光谱的红移现象充分地证明，Eu^{3+}掺杂发光材料纳米化之后其 CT 激发光谱的红移现象的数据及谱图已在文献中多次给出。零声子电荷迁移能的下降意味着坐标图 CCD 中 CTS 的下降，如图 5.5 中箭头 1 所示。图 5.5 中 a、b 分别代表体材料和纳米材料 CCD 中的 CTS。

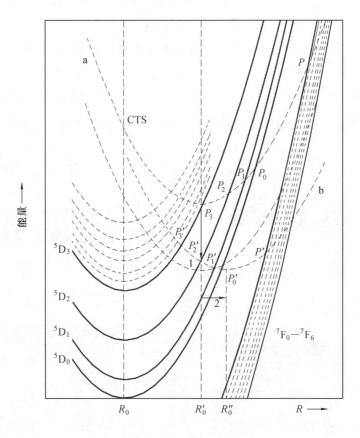

图 5.5 Eu^{3+}掺杂纳米发光材料 CCD 中 CTS 抛物线的移动

5.2　Eu³⁺掺杂纳米发光材料发光中心 CTS 坐标偏差

5.2.1　导致 CTS 坐标偏差增加的结构因素

在 Eu³⁺掺杂发光材料发光中心的 CT 激发过程中，CT 导致发光中心化学键的削弱，即中心 Eu²⁺与其配体间束缚作用的减弱。因此，中心 Eu²⁺与其配体间的平衡距离将从 R_0 弛豫至较大值 R_0'，发光中心因而膨胀。据报道，Eu²⁺的半径比 Eu³⁺的半径大 18 pm，这是造成平衡距离弛豫或发光中心膨胀的另一个原因。既然发光中心处于基质晶格之中，则其膨胀将受到晶格的制约，而膨胀程度将由发光中心所处晶格环境的刚性所决定。如果晶格刚性较小，则发光中心的膨胀将较明显，即 CTS 坐标偏差 $R_0' - R_0$ 将大些。

同种发光中心在不同基质晶格中的 CT 激发已有很多研究。据报道，较大半径的毗邻离子将为发光中心提供较软的环境。例如，在钙钛矿发光材料 Ba_2MgWO_6：U^{6+}、Ba_2CaWO_6：U^{6+}和 Ba_2SrWO_6：U^{6+}中，激发态发光中心 WO_6（或 UO_6）八面体结构的空间延展直接受到 Mg^{2+}、Ca^{2+}和 Sr^{2+}的制约。这三种离子半径的顺序为 $r_{Mg^{2+}} < r_{Ca^{2+}} < r_{Sr^{2+}}$，按照 Struck-Fonger 计算方法，在这三种发光材料中 CTS 坐标偏差的比例为 $\Delta R_{Mg^{2+}}$：$\Delta R_{Ca^{2+}}$：$\Delta R_{Sr^{2+}} = 1$：1.02：1.06。在 Ln^{3+}（$Ln^{3+} = Eu^{3+}$、Sm^{3+}、Yb^{3+}、Nd^{3+}、Dy^{3+}、Ho^{3+}、Er^{3+}、Tm^{3+}）掺杂发光材料中，如果 Ln^{3+}所替位的阳离子半径较小，则发光中心所处的环境刚性较强，CTS 坐标偏差较小。例如，在硼酸盐发光材料 $ScBO_3$：Ce^{3+}、YBO_3：Ce^{3+}和 $LaBO_3$：Ce^{3+}中，被 Ce^{3+}所替代的阳离子半径顺序为 $\Delta R_{Sc^{3+}} < \Delta R_{Y^{3+}} < \Delta R_{La^{3+}}$，相应的 CTS 坐标偏差依次增大，相应的 Stoke 位移为 $2S\eta\omega$。

如图 1.7 所示，$S\eta\omega = \dfrac{1}{2}K(R_0' - R_0)^2$，依次为 $1.2 \times 10^3\ cm^{-1}$，$2.0 \times 10^3\ cm^{-1}$，$2.4 \times 10^3\ cm^{-1}$。

无定形发光材料对激发态发光中心膨胀的抵抗作用弱于晶态发光材料的相关作用，在无定形发光材料中发光中心 CTS 坐标偏差大于在同质晶体中的相应值。例如，相比于晶体材料，在无定形 SrB_4O_7：Eu^{3+}发光材料中 CTS 坐标偏差较大，因此无定形 SrB_4O_7：Eu^{3+}的激发与发射光谱之间有较大的 Stokes 位移（$2S\eta\omega$）。由于 CTS 坐标偏差的增大，Eu^{3+}掺杂无定形发光材料的发光效率低于同质晶体材料的发光效率，导致了 Eu^{3+}掺杂无定形发光材料猝灭温度的下降。事实上，无定形发光材料中发光中心环境的刚性下降导致 CTS 坐标偏差的增大，能够从发光中心周围化学键以及原子顺序的紊乱得到解释。这是在我们的研究工作中可以作为重点参考的重要事实。由 Y_2O_3：Eu^{3+}体材料与纳米材料局部结构参数的差别，尤其是 Debye-Waller 因子 σ 的对比（表 5.1）可见，Y_2O_3：Eu^{3+}纳米材料的结构趋于无定形化。因此可以得出结论：Y_2O_3：Eu^{3+}纳米材料中发光中心的环境刚性较弱，其 CTS 坐标偏差将大于 Y_2O_3：Eu^{3+}体材料中的相应值。

从文献中给出的 EXAFS 实验结果可知，Debye-Waller 因子σ的增大是纳米发光材料所具有的普遍特征。因此可以断定，CTS 坐标偏差的增大是 Eu^{3+}掺杂发光材料纳米化之后的一般特点。在纳米量级内材料的尺寸越小，则局部结构紊乱程度越大，CTS 坐标偏差越大。

5.2.2 导致 CTS 坐标偏差增加的尺寸因素

Eu^{3+}掺杂纳米发光材料 CTS 坐标偏差的增大还有另一个重要原因。随着 Eu^{3+}掺杂发光材料在纳米量级内的尺寸下降，其表面积与体积的比率迅速上升，有相对更多的发光中心趋近于材料的表面。当发光中心更接近于表面时，发光中心与表面间的原子层更薄，当发光中心被 CT 激发时将有更少的原子和化学键参与对发光中心膨胀的抵抗，这表现为发光中心周围晶格环境的刚性进一步下降，因此发光中心 CTS 坐标偏差进一步增大。

总之，随着 Eu^{3+}掺杂发光材料在纳米量级内的尺寸下降，CTS 坐标偏差的增大变得明显。假定 Eu^{3+}掺杂纳米发光材料与通常无定形发光材料的发光中心所处环境具有相当的刚性，则发光中心 CTS 坐标偏差的相对增大量$\dfrac{R_0'' - R_0'}{R_0' - R_0}$约为 10%。CTS 坐标偏差的增大意味着 CTS 抛物线在发光中心 CCD 中的右移，如图 5.5 中箭头 2 所示。

5.3 Eu^{3+}掺杂纳米材料发光中心 CTS 偏移的光谱例证

5.3.1 发光中心电荷迁移态 CTS 向 Eu^{3+}的 ^{5}D 态的跃迁

如上文指出，Eu^{3+}掺杂纳米材料发光中心零声子电荷迁移能 E_{zp} 的下降以及 CTS 坐标偏差 $R_0' - R_0$ 的增大意味着 CTS 抛物线在 CCD 中的竖直下移和水平右移。该移动导致 CTS 与中心 Eu^{3+}各个 ^{5}D$_J$态抛物线交点 p_J 的移动（$p_0 \to p_0'$，$p_1 \to p_1'$，$p_2 \to p_2'$，$p_3 \to p_3'$）。相对于 CTS 与较高 ^{5}D 态的交点位置，CTS 与较低 ^{5}D 态的交点位置发生了下降。对这一过程能够进行这样的解析：首先，CTS 的下降导致其与 ^{5}D 态各交点位置下降，而且与较低 ^{5}D 态的交点下降得更明显；此外，CTS 的右移导致交点的进一步相对移动，与较低 ^{5}D 态交点位置的相对下降进一步明显，如图 5.5 所示。

CT 激发之后，发光中心处于 CTS。随后，通过热跃迁的方式，可以由 CTS 跃迁至 Eu^{3+}的 ^{5}D 态，这一过程实现了 ^{5}D 态的布居。由 CTS 向各 ^{5}D$_J$态的跃迁概率与$E_{\text{CTS},J}$直接相关，有

$$K_{\text{CTS},J} = A\exp\left(-\frac{E_{\text{CTS},J}}{kT}\right) \tag{5.2}$$

式中，$E_{\text{CTS},J}$为电荷迁移态 CTS 与 Eu^{3+}的 ^{5}D$_J$态之间的势垒，即位形坐标图 CCD 中 CTS

最低点与交点 p_J 的高度差；A 为系数；k 为玻耳兹曼常数；T 为热力学温度。相较于 CTS 与较高 ^5D 态之间势垒的变化，与较低 ^5D 态之间势垒的下降更明显。因此可以断定，随着 Eu^{3+} 掺杂发光材料在纳米量级内的尺寸下降，发光中心 CTS 在 CCD 中发生偏移，CTS 将更趋向于向 Eu^{3+} 能量较低的 ^5D 态跃迁，即更倾向于实现能量较低 ^5D 态的布居。除此之外，另一个比较迂回的过程使 Eu^{3+} 的布居倾向于能量较低的 ^5D 态，即电子可以从较高的 ^5D 态返回 CTS，然后由此跃迁至能量较低的 ^5D 态，而这一过程也和 CTS 的位置直接相关。

5.3.2　利用光谱实验证明发光中心 CTS 偏移的可行性

在 Eu^{3+} 掺杂发光材料中，处于激发态的 Eu^{3+} 由能量较高 ^5D 态向能量较低 ^5D 态的弛豫跃迁过程有两种方式，即多声子弛豫过程（Multi-phonon relaxation）和交叉弛豫过程（Cross relaxation）。除此之外，在本书研究中更重要的是，在 CT 激发之后，发光中心 CTS 在 CCD 中的位置对 Eu^{3+} 各 ^5D 态的布居有着重要的影响。在特定条件下，即能够有效抑制 Eu^{3+} 各 ^5D 态之间的交叉弛豫过程，而且 ^5D 态之间的多声子弛豫速率不是很高时（不至于使 Eu^{3+} 较高 ^5D 态的辐射在光谱中消失），发光中心 CTS 在 CCD 中的移动将可以从发射光谱的变化中得以体现和证明。

对于处于激发态的 Eu^{3+}，可以以交叉弛豫的方式由能量较高 ^5D 态向能量较低 ^5D 态跃迁。在 Eu^{3+} 掺杂发光材料中，当 Eu^{3+} 浓度不是很低时，比较靠近的相邻 Eu^{3+} 之间可以发生能量传递，交叉弛豫现象由此发生。处于较高 ^5D 激发态的 Eu^{3+}，可以将一部分激发能传递给邻近的基态 Eu^{3+}，使其在较低的 ^7F_J 能级内被激发，而自身弛豫至较低 ^5D 态。如图 5.6 所示，激发态 Eu^{3+} 离子 1 将一部分能量传递给基态 Eu^{3+} 离子 2，使 Eu^{3+} 离子 2 在 ^7F_J 能级内被激发（如 $^7F_0 \rightarrow {}^7F_3$），同时 Eu^{3+} 离子 1 的较高 ^5D 态被弛豫（如 $^5D_1 \rightarrow {}^5D_0$）。此过程可表达为

$$Eu^{3+}\,({}^5D_1) + Eu^{3+}\,({}^7F_0) \longrightarrow Eu^{3+}\,({}^5D_0) + Eu^{3+}\,({}^7F_3) \tag{5.3}$$

交叉弛豫过程促进了激发态 Eu^{3+} 较高 ^5D 态向较低 ^5D 态的弛豫跃迁，从光谱角度来看，这一过程抑制了较高 ^5D 态的发射。在光谱实验中，不同尺寸 Y_2O_3：Eu^{3+} 纳米样品中 Eu^{3+} 的掺杂浓度相当低，摩尔比仅为 0.1%，这样就极大地降低了 Eu^{3+} 较高 ^5D 态以交叉弛豫的方式向较低 ^5D 态跃迁的可能。

对于稀土离子的 $4f^n$ 电子组态，两能级之间与温度以及基质晶格振动频率相关的非辐射多声子弛豫跃迁速率为

$$W(T) = W(0) \cdot \left[\frac{\exp\left(\dfrac{h\upsilon}{kT}\right)}{\exp\left(\dfrac{h\upsilon}{kT}\right) - 1} \right]^{\frac{\Delta E}{h\upsilon}} \tag{5.4}$$

式中，$W(0)$ 为 $T=0$ K 时的非辐射跃迁速率；ΔE 为两能级之间的能量差；$h\upsilon$ 为稀土离子所处基质晶格的声子能量。

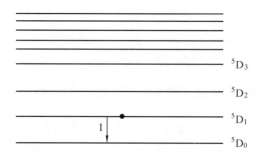

图 5.6　Eu³⁺交叉弛豫过程的能级跃迁示意图

在温度一定的情况下，当某个能级与其下面毗邻能级的能量差ΔE 较小，或者基质晶格的最大声子能量（振动频率υ_{max} ）较高时，该能级的非辐射多声子跃迁速率较高。相比于辐射跃迁速率，当某能级的非辐射跃迁速率较高时，在光谱中该能级辐射的谱线将减弱或消失。如对于 Eu³⁺掺杂硼酸盐或硅酸盐发光材料，其基质最大声子能量较高（$1\,000$ cm⁻¹<υ_{max} <$1\,200$ cm⁻¹），致使 Eu³⁺较高 ⁵D 态的辐射被猝灭而在发射光谱中没有相应的谱线出现（各 ⁵D 态之间的能量差$\Delta E \approx 1\,500$ cm⁻¹）。

对于在光谱实验中所测试的 Y₂O₃：Eu³⁺样品，Y₂O₃基质材料的最高声子能量较低，约为 600 cm⁻¹，如图 5.7 中拉曼（Raman）光谱所示，此数据与文献数据基本相符。这意味着处于较高 ⁵D 态的 Eu³⁺以多声子弛豫的方式由较高 ⁵D 态弛豫至较低 ⁵D 态的速率不是很高 （$\Delta E/h\upsilon \approx 2.5$）。对于通常尺寸的 Y₂O₃：Eu³⁺发光材料，在掺杂浓度较低时，在发射光谱中不仅可以观察到 Eu³⁺的 ⁵D₀（红色）主导发射，也可以观察到 Eu³⁺的 ⁵D₁（绿色）发射和 ⁵D₂（蓝色）发射。

光照射到物质上时，光子与物质原子、分子相互作用，受到弹性散射或非弹性散射。弹性散射的散射光具有与激发光相同的波长，而非弹性散射的散射光比入射光波长更长或更短，分别对应于光子在散射过程中失去或得到能量，这些现象统称为拉曼效应。拉曼效应是光子与物质声子相互作用的结果，此效应起源于物质分子振动（转动）或晶格点阵振动。拉曼光谱是一种散射光谱，从拉曼光谱中可以得到物质分子振动（转动）能级情况或晶格振动能级情况的信息。实验中对 Y_2O_3：Eu^{3+}样品的基质材料 Y_2O_3 进行拉曼光谱测试，测试谱图如图 5.7 所示。所用设备为 HR-800 型拉曼光谱仪，激发光源为氩离子激光。

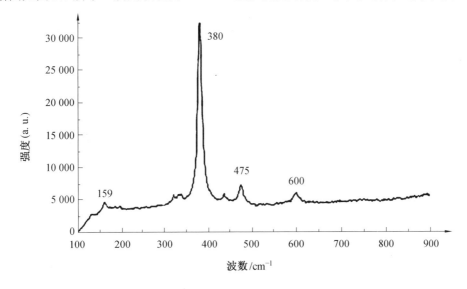

图 5.7　Y_2O_3基质材料的 Raman 光谱

5.3.3　证明 Eu³⁺掺杂纳米材料发光中心 CTS 偏移的光谱实验

在图 5.8 的光谱实验中，我们将不同纳米尺寸的 Y_2O_3：Eu^{3+}样品中 Eu^{3+}的掺杂浓度降得很低（离子比的百分数为 0.1%），由此抑制了 Eu^{3+}较高 ^5D 态的交叉弛豫跃迁过程。同时 Y_2O_3基质晶格较低的最大声子能量（600 cm^{-1}）使较高 ^5D 态的多声子弛豫速率不是很高，因而在通常尺度的 Y_2O_3：Eu^{3+}样品的发射光谱中可以观察到较高 ^5D 态的辐射跃迁。这样就保证了电荷迁移态 CTS 在 CCD 中的位置成为影响各 ^5D 态布居的相对重要因素，材料纳米尺寸的下降导致的发光中心 CTS 在 CCD 中移动，将从 Eu^{3+}不同 ^5D_J态光谱强度的相对变化中得到充分的证明。

随着 Eu^{3+}掺杂发光材料在纳米量级内的尺寸下降，发光中心电荷迁移态 CTS 在 CCD 中的偏移变得明显，导致 Eu^{3+}各 ^5D 态的布居发生变化，进而导致各 ^5D 态发射强度的相对变化。比较各 ^5D 态向 $^7F_1$ 态的跃迁，我们就能够看到 CTS 在 CCD 中的偏移对发射光谱所产生的影响。如图 5.8 所示，当 Y_2O_3：Eu^{3+}样品的尺寸从 40 nm 降至 20 nm 时，相比于 $^5D_0$ 的发射强度，$^5D_1$、$^5D_2$ 和 $^5D_3$ 发射强度的相对下降依次增大。当样品尺寸降至 9 nm 时，$^5D_2$ 和 $^5D_3$ 的发射峰已经几乎无法被观测到。

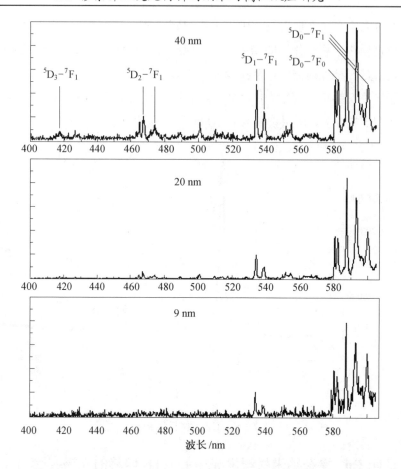

图 5.8　不同尺寸 Y_2O_3：Eu^{3+}样品（0.1%）的发射光谱（400～605 nm 波段）

作为定量衡量相对变化的数据，不同尺寸 Y_2O_3：Eu^{3+}样品 $^5D_J \rightarrow {}^7F_1$（$J$=0，1，2，3）各发射相对于 $^5D_0 \rightarrow {}^7F_1$ 发射的强度比为

$$R_J = \frac{I_{(^2D_J - ^7F_1)}}{I_{(^2D_0 - ^7F_1)}}$$

不同尺寸 Y_2O_3：Eu^{3+}样品的发射谱峰的相对强度列于表 5.2 中。表 5.2 中所给出的光谱数据充分地证明了 Y_2O_3：Eu^{3+}发光材料纳米化后发光中心电荷迁移态 CTS 在 CCD 中的移动。

表 5.2　不同尺寸 Y_2O_3：Eu^{3+}样品的发射谱峰的相对强度

样品尺寸/nm	R_0	R_1	R_2	R_3
40	1	0.216 2	0.157 4	0.061 3
20	1	0.118 3	0.057 9	0.010 2
9	1	0.109 7	0	0

5.4　CT 激发下 Eu³⁺掺杂纳米发光材料发光效率的下降

5.4.1　电荷迁移态 CTS 的移动对发光中心非辐射弛豫概率的影响

在 Eu³⁺的 $4f^6$ 电子组态中，^7F 能级比 ^5D 能级低得多，这体现于 CCD 中一系列平行的 ^7F 与 ^5D 抛物线之间明显的高度差别。不同于由 CTS 向 ^5D 态的跃迁，由 CTS 向 ^7F 态的跃迁意味着 CT 激发能转化为发光中心的振动能，意味着发光中心的非辐射弛豫。为了比较由 CTS 向 ^5D 态以及向 ^7F 态跃迁的分支比（为了简化问题，4 个 ^5D_J 态由 ^5D 替代，7 个 ^7F_J 态由 ^7F 替代），从 CTS 向 ^5D 态跃迁的比率应表达为

$$P_{\text{CTS,D}} = \frac{A\exp\left(-\dfrac{E_{\text{CTS,D}}}{kT}\right)}{A\exp\left(-\dfrac{E_{\text{CTS,D}}}{kT}\right) + A\exp\left(-\dfrac{E_{\text{CTS,F}}}{kT}\right)} = \frac{1}{1+\exp\left(-\dfrac{E_{P,P_0}}{kT}\right)} \qquad (5.5)$$

式中，$E_{\text{CTS,D}}$ 为 CTS 与 ^5D 态之间的势垒；$E_{\text{CTS,F}}$ 为 CTS 与 ^7F 态之间的势垒，$E_{\text{CTS,F}} = E_{\text{CTS,D}} + E_{P,P_0}$；$E_{P,P_0}$ 为 CCD 中两个势垒的高度差别。

随着 Eu³⁺掺杂发光材料在纳米量级内的尺寸下降，发光中心 CTS 抛物线在 CCD 中发生偏移。CTS 在 CCD 中的移动导致交点 p 相对于交点 p_0 位置的下降，而高度差 E_{p,p_0} 降至 $E_{p',p_0'}$（$p_0 \to p_0'$，$p \to p'$）。式（5.5）由发光中心 CTS 向 Eu³⁺的 ^5D 态的跃迁概率将下降，而 CTS 向 Eu³⁺的 ^7F 态跃迁概率将上升。这样的过程表明了发光中心 CTS 的弛豫途径，激发态发光中心的电荷迁移能直接转化为发光中心的振动能，发光中心的激发趋于以向基质晶格释放声子的方式而弛豫。在这个过程中 Eu³⁺没有被激发，Eu³⁺掺杂发光材料的发光效率由此下降。

Eu³⁺掺杂发光材料在纳米量级内的尺寸下降导致了发光中心零声子电荷迁移能 E_{zp} 的下降和 CTS 坐标偏差 $\Delta R = R_0' - R_0$ 的增大。零声子电荷迁移能的下降以及 CTS 坐标偏差的增大分别意味着在发光中心 CCD 中 CTS 的竖直下移和水平右移。CTS 在 CCD 中的移动导致了发光中心非辐射弛豫概率的增加，由此进一步地揭示了 Eu³⁺掺杂纳米发光材料发光效率的下降机理。

需要说明的是，Eu³⁺掺杂纳米材料发光中心 CTS 坐标偏差的增加是导致发光中心非辐射弛豫概率增加的主要因素。这是因为随着材料尺寸在纳米量级的下降，发光中心所处晶格环境的刚性将严重地下降。相比之下，零声子电荷迁移能的下降（幅度为十分之几电子伏）是影响相对较小的次要因素。

5. 4. 2　零声子电荷迁移能及位形坐标偏差影响发光效率的文献佐证

事实上，对于不同种类的体相 Eu³⁺掺杂发光材料，由于基质材料的不同，发光中心零声子电荷迁移能以及发光中心 CTS 坐标偏差自然是不同的。这两个重要参数的差别导致了不同种类的体相 Eu³⁺掺杂发光材料发光效率的差别，这在许多文献中已有报道，对我们的书中研究具有重要的借鉴意义，为我们所指出的 Eu³⁺掺杂纳米发光材料发光效率的下降机制提供了有力的佐证。

根据 Struck 和 Fonger 的处理方法得出的发光效率与温度的关系如图 5.9 所示。由此图可见发光中心零声子电荷迁移能以及 CTS 坐标偏差对发光效率的重要影响。在零声子电荷迁移能和 CTS 坐标偏差为不同值时，在图 5.9 中可观察到发光效率与温度的关系。在图 5.9（b）中从左至右 ΔR 依次递减 6%。

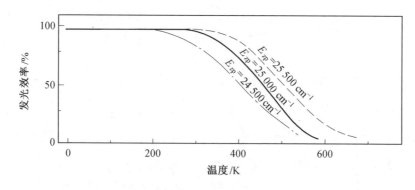

（a）零声子电荷迁移能（ΔE_{zp}）为不同值

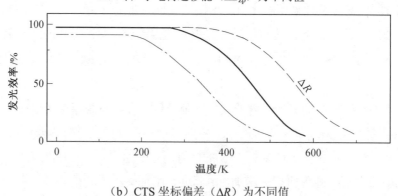

（b）CTS 坐标偏差（ΔR）为不同值

图 5.9　在零声子电荷迁移能和 CTS 坐标偏差为不同值时，发光效率与温度的关系图

图 5.10 所示为文献中给出的 ASnO₃：Eu³⁺发光材料（A=Ca、Sr、Ba）发光中心的 CCD。由于 Ca²⁺、Sr²⁺、Ba²⁺的离子半径依次递增，在这三种材料中发光中心所处环境的刚性依次递减，因此位形坐标偏差依次递增。与发光中心位形坐标偏差依次递增相对应的是材料发光效率依次递减，在相同激发条件下发射光谱强度依次下降，如图 5.11 所示。

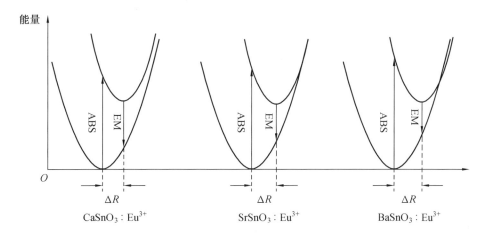

图 5.10　ASnO$_3$：Eu^{3+} 材料（A=Ca、Sr、Ba）发光中心的 CCD

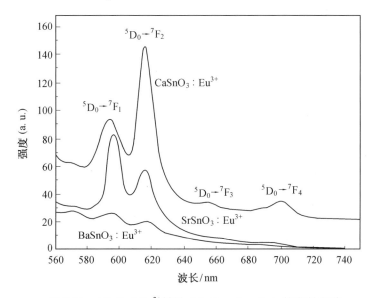

图 5.11　ASnO$_3$：Eu^{3+}材料（A=Ca、Sr、Ba）的发射光谱

5.5　相应参数以及参数变化的实验测定

5.5.1　发光效率的外表面效应

从原则上讲，纳米稀土发光材料发光效率的表面效应应该分为外表面效应和内表面效应。材料的尺度从体相降至纳米量级，尺度的变化势必导致材料对激发辐射吸收效率的变化，进而导致发光效率的变化，由此产生外表面效应。

稀土发光材料粉体对激发光的吸收（散射）直接与粉体的尺寸一致性、形状规则性相关，在 Butler 的专著中对此内容做了详细的论述，证明了荧光粉体对入射光的散射系数 s

和粉体形貌有如下影响，即

$$\ln s = \ln k - \ln g + 0.5\ln^2\sigma \qquad （5.6）$$

式中，k 为常数；g 为粉体平均直径；σ 为粒子尺寸正态分布展宽的标准偏差。

由式（5.6）可见，粉体粒子尺寸越小，其尺寸一致性越差，则其散射系数越大。散射系数增大意味着对入射激发光的吸收减弱，粉体的发光效率则下降。

在本实验研究中，不同尺寸范围的实验样品对激发光波段散射情况的相关数据的影响是尤为重要的。为了检测不同尺寸范围 La$_2$O$_3$：Eu^{3+} 粉体材料在激发光波段（紫外波段，280 nm 附近）的散射情况，实验中排除了稀土离子发光的影响，即做了不同尺寸 La$_2$O$_3$ 基质粉体材料的光散射实验，得到的数据如图 5.12 所示。实验设备为双光束紫外-可见光分光光度计（Shimadzu UV-2100），附反射积分球，测量范围为 200～800 nm。标准反射体由 BaSO$_4$(AR)粉末压制。

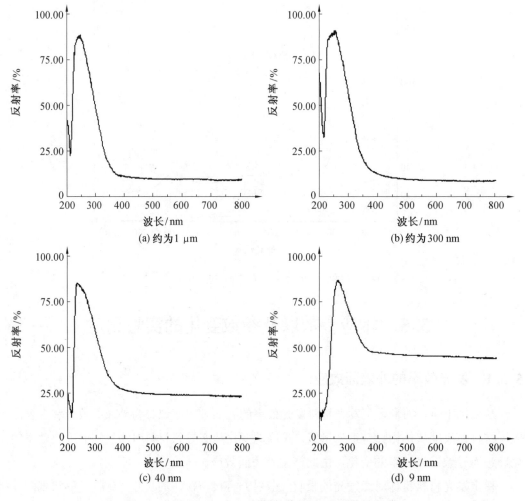

图 5.12　不同尺寸 La$_2$O$_3$ 材料的紫外-可见光散射光谱

由实验数据可见，在可见光波段范围各尺寸 La_2O_3 样品的光散射较弱，且随粉体尺寸在纳米量级内下降而明显增强。相反，在紫外光波段内各尺寸 La_2O_3 样品的光散射很强，有效吸收率较低，只有 15% 左右。对本实验研究更重要的是，在使 La_2O_3：Eu^{3+} 发光材料有效 CT 激发的 280 nm 附近紫外光波段，不同尺寸 La_2O_3 材料的光散射强度差别很微弱，均为 75% 左右。此外，不同尺寸范围 Y_2O_3 材料的光散射实验数据（Y_2O_3：Eu^{3+} 材料的激发光波段在 250 nm 附近）也表明了同样的规律，即在紫外波段光散射强度差别很微弱。

5.5.2　结合实验数据的参数计算

既然在激发光波段光散射强度的差别很微弱，那么在发光效率的纳米效应研究中就可以忽略外表面效应的影响，即认为不同尺寸稀土发光材料对激发光的吸收程度（系数）是相同的。也就是说，可以认为发光效率的下降完全是由内表面效应造成的。这样的合理近似为后续的定量研究带来了极大的方便。

在 Eu^{3+} 掺杂发光材料发光中心的 CT 激发之后，由 CTS 向中心 Eu^{3+} 的 ^5D 态的跃迁实现了 Eu^{3+} 的激发。随后，激发态 Eu^{3+} 各 ^5D_J 能级（J=0，1，2，3）之间的弛豫过程实现了 $^5D_0$ 能级最大概率的布居。因此，在 Eu^{3+} 的发射光谱中 $^5D_0$ 能级的辐射跃迁是主导的和有代表性的，并且可以借此跃迁发射确定 Eu^{3+} 掺杂发光材料的相关参数。

从 CT 激发过程以及随后的光辐射过程可知，CT 激发下 Eu^{3+} 掺杂纳米发光材料的发光效率 P 应和两个参数成正比：①由 CTS 向 Eu^{3+} 的 ^5D 态的跃迁概率 $P_{CTS,D}$；②由 $^5D_0$ 态向 ^7F 态的辐射跃迁效率 η，其关系可以表达为

$$P = A' \cdot P_{CTS,D} \cdot \eta \qquad (5.7)$$

根据 Jodd-Ofelt 理论，可以从实验上确定跃迁概率 $P_{CTS,D}$ 随发光材料纳米尺寸的下降幅度。

对于 $^5D_0 \rightarrow {}^7F_1$ 的磁偶极跃迁，其跃迁速率为

$$A_{md} = A_{0-1} = \frac{64\pi 4 v_{md}^3}{3h(2J+1)} n^3 S_{md} \qquad (5.8)$$

式中，v_{md} 为以波数表示的 $^5D_0 \rightarrow {}^7F_1$ 跃迁能量；h 为普朗克常数，h=6.626×10^{-27}；n 为基质折射系数；$2J+1$ 为初态简并度（对 $^5D_0$ 来说为 1）；S_{md} 为与基质晶格无关的磁偶极跃迁振子强度，S_{md}=7.83×10^{-42}。

实验中选用了 La_2O_3：Eu^{3+} 发光材料，这是因为该材料的零声子电荷迁移能（33.7×10^3 cm^{-1}）比较低。对于 La_2O_3：Eu^{3+} 材料，v_{md}=16 950 cm^{-1}，n=1.5，因此求得磁偶极跃迁速率为 A_{md}=39.62 s^{-1}。

Eu³⁺的 $^5D_0$ 能级的辐射跃迁速率 A_R 包括 $^5D_0 \rightarrow {}^7F_1$ 的磁偶极跃迁和 $^5D_0 \rightarrow {}^7F_J$（$J$=2，4，6）的电偶极跃迁，即

$$A_R = A_{md} + \frac{64\pi^4 e^2 \nu_J^3}{3h(2J+1)} \cdot \frac{1}{4\pi\varepsilon_0} \cdot \frac{n(n^2+2)^2}{9} \times \sum_{J=2,4,6} \Omega_J \left\langle {}^2D_0 \| U^{(J)} \|^7 F_J \right\rangle^2 \quad (5.9)$$

式中，Ω_J 为 J-O 强度参数；$\left\langle {}^2D_0 \| U^{(J)} \|^7 F_J \right\rangle^2$ 为压缩矩阵元的平方。

式（5.9）给出了理论计算方法，但辐射跃迁速率 A_R 可以借助于光谱实验数据以比较简捷的途径来求得，它可以依据以下关系式由实验确定：

$$\frac{A_R}{A_{md}} = \frac{\int I^5D_0(\nu)\mathrm{d}\nu}{\int I_{md}(\nu)\mathrm{d}\nu} \quad (5.10)$$

式中，$\int I^5D_0(\nu)\mathrm{d}\nu$ 和 $\int I_{md}(\nu)\mathrm{d}\nu$ 为发射光谱的相应积分强度。

不同尺寸 La₂O₃：Eu³⁺样品的 CT 发射光谱如图 5.13 所示，其中 9 nm 样品的发射谱位置、形状与其他样品的相应量不同。这是由于 La₂O₃：Eu³⁺发光材料的尺寸下降至这样的数值时，晶格结构的无定形化程度已经很高，而 Eu³⁺的光谱特性对于晶格环境的变化相当敏感（Eu³⁺具有荧光探针作用）。依据式（5.10）求得各 La₂O₃：Eu³⁺样品的 $^5D_0$ 辐射跃迁速率 A_R，将其列于表 5.3 中。

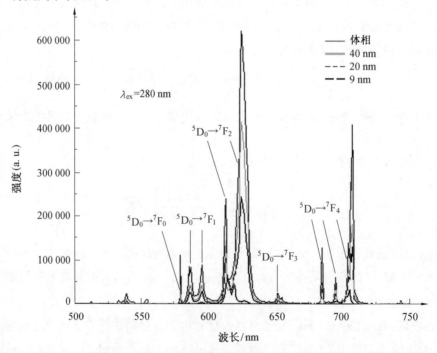

图 5.13　不同尺寸 La₂O₃：Eu³⁺样品的 CT 发射光谱

表 5.3　测量或计算得到的不同尺寸 La$_2$O$_3$：Eu^{3+}样品的相关参数

样品	A_R/s^{-1}	τ / ms	η	$\int_0^2 I(v)\mathrm{d}v$	$P_{\text{CTS, D}}$
体相	416.64	1.96	0.817	1.053×10^7	1
40 nm	442.08	1.71	0.756	6.979×10^6	0.715
20 nm	476.85	1.25	0.596	4.576×10^6	0.595
9 nm	519.30	1.02	0.530	9.576×10^5	0.140

实验中为了确定不同尺寸 La$_2$O$_3$：Eu^{3+}样品的 $^5D_0$ 激发态能级寿命 τ，测定了相应的 $^5D_0 \rightarrow \, ^7F_1$ 辐射跃迁荧光衰减曲线。激发态稀土发光离子的跃迁过程包括辐射跃迁过程和非辐射跃迁过程，而总跃迁速率与稀土离子的激发态寿命直接相关（成反比）。在研究稀土发光离子的激发态辐射效率时需要得到离子的激发态寿命数据，将稀土离子激发态能级的荧光衰减曲线进行单指数拟合得到荧光强度随时间衰减的指数函数表达式，由此得到激发态寿命数据。实验中对不同尺寸的 La$_2$O$_3$：Eu^{3+}纳米样品（$\lambda_{\text{ex}}=280$ nm，$\lambda_{\text{em}}=626$ nm）进行荧光衰减曲线测试（Eu^{3+}的 $^5D_0$ 激发态能级），所用设备为 Nd：YAG 激光泵浦光源、Spexl403 双光栅光谱仪、光电倍增管、Boxcar 取样平均器以及进行数据处理的计算机。

不同尺寸 La$_2$O$_3$：Eu^{3+}样品的 $^5D_0 \rightarrow \, ^7F_2$ 辐射跃迁荧光衰减曲线如图 5.14 所示。将这些曲线进行单指数方程 $I(t) = I_0 \mathrm{e}^{-t/\tau}$ 拟合，进而可以确定激发态的能级寿命。各 La$_2$O$_3$：Eu^{3+}样品的 $^5D_0$ 激发态能级寿命 τ 由此确定，数据也列于表 5.3 中。

发光离子的激发态能级寿命（τ）、辐射跃迁速率（A_R）以及非辐射跃迁速率（A_{NR}）之间有如下关系：

$$\frac{1}{\tau} = A_R + A_{\text{NR}} \tag{5.11}$$

辐射跃迁效率 η 可表示为

$$\eta = \frac{A_R}{A_R + A_{\text{NR}}} = \tau \cdot A_R \tag{5.12}$$

由此确定的不同尺寸 La$_2$O$_3$：Eu^{3+}样品的 $^5D_0$ 辐射跃迁效率 η 也列于表 5.3 中。需要说明的是，纳米材料内激发态 Eu^{3+}辐射跃迁效率（η）下降的根源在于，纳米材料有着巨大的比表面积，表面上固有的缺陷、悬挂键等形成猝灭中心，从激发态 Eu^{3+}向猝灭中心的能量传递使 Eu^{3+}非辐射跃迁上升而辐射跃迁概率下降。纳米发光材料的这种猝灭方式已被许多文献所指出或提及。

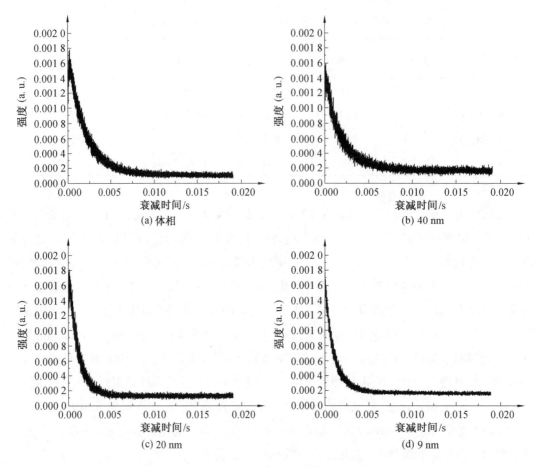

图 5.14 不同尺寸 La$_2$O$_3$：Eu^{3+}样品的 ^{5}D$_0$→^{7}F$_2$辐射跃迁荧光衰减曲线（λ_{ex}=280 nm，λ_{em}=626 nm）

对于稀土离子 Eu^{3+}、Sm^{3+}、Yb^{3+}、Nd^{3+}、Dy^{3+}、Ho^{3+}、Er^{3+}及 Tm^{3+}掺杂的发光材料，均适合以 CT 的激发方式激发。在同样的激发条件（同样的激发波长和强度）下，材料的发光效率 P 正比于发光强度，即发射光谱的积分面积。对于 La$_2$O$_3$：Eu^{3+}发光材料，占据 La$_2$O$_3$基质晶格 C_{3V} 对称性格位的 Eu^{3+}的 ^{5}D$_0$→^{7}F$_2$超敏感电偶极跃迁在发射光谱中远比其他各 ^{5}D$_0$→^{7}F$_J$跃迁强得多。因此，为了计算不同尺寸 La$_2$O$_3$：Eu^{3+}样品发光中心 CTS 向 Eu^{3+}的 ^{5}D 态跃迁概率 $P_{CTS, D}$ 的相对数值，根据式（5.7），发光效率 P 可由 ^{5}D$_0$→^{7}F$_2$辐射强度，即相应的积分面积代替。各 La$_2$O$_3$：Eu^{3+}样品 ^{5}D$_0$→^{7}F$_2$辐射的积分面积和计算得到的 $P_{CTS, D}$ 相对值已列于表 5.3 中。

根据上面结合实验的定量研究，可以得出如下结论：对于 CT 激发下 Eu^{3+}掺杂纳米发光材料的效率下降，两种微观机制在起着关键的作用。首先，随着发光材料在纳米量级内的尺寸下降，Eu^{3+}的 ^{5}D 态辐射效率 η 下降（具体数值见表 5.3），其根源在于从激发态 Eu^{3+}向猝灭中心的能量传递。另外，发光中心 CTS 向 Eu^{3+}的 ^{5}D 态跃迁概率 $P_{CTS, D}$ 随着材料在纳米量级的尺寸下降而降低（具体数值见表 5.3），处于电荷迁移态 CTS 的发光中心趋于以向晶格释放声子的方式而弛豫。在这样的过程中发光中心的电荷迁移态能量转化为发光中心的振动能，进而发光中心向基质晶格释放声子，成为晶格振动能量。

5.6　提高 Eu^{3+}掺杂纳米发光材料发光效率的可行方法

对于不同的 Eu^{3+}掺杂发光材料，零声子电荷迁移能 E_{zp} 也不同。氟化物的零声子电荷迁移能是最高的，其次为氧化物，而硫化物的零声子电荷迁移能是最低的。另一方面，对于不同的 Eu^{3+}掺杂发光材料，发光中心 CTS 坐标偏差也不同。例如，在 LaOCl 基质晶格中发光中心 CTS 坐标偏差将比在 Y$_2$O$_2$S 晶格和在 La$_2$O$_2$S 晶格中大得多。基于本书中的讨论，很明显，如果某种 Eu^{3+}掺杂发光材料的零声子电荷迁移能本来就较低或发光中心 CTS 坐标偏差本来就较大，那么随着材料在纳米量级内的尺寸下降，由 CTS 向 Eu^{3+}的 ^{5}D 态的跃迁概率 $P_{CTS,D}$ 将变得更低，这是造成发光效率下降的主原因。相反，如果零声子电荷迁移能较高或 CTS 坐标偏差较小，那么随着材料在纳米量级内的尺寸下降，Eu^{3+}的 ^{5}D 态辐射效率 η 的下降将成为发光效率下降的主导机制。

知道问题的原因就等于知道解决问题的方法，可以采用恰当的表面包覆方法以改善 CT 激发下 Eu^{3+}掺杂纳米发光材料的发光效率。对合适的表面包覆应有如下要求：

（1）在激发与发射光波段包覆材料具有高的透明度。

（2）合适的包覆层厚度。

（3）发光材料与包覆材料之间较好的晶格匹配。

这意味着合适的包覆材料和恰当的技术方法。如果包覆效果良好，发光材料表面的由缺陷和悬挂键形成的猝灭中心数量将被有效降低，从激发态 Eu^{3+}向猝灭中心的能量传递将被有效抑制，进而 Eu^{3+}的 ^{5}D 态辐射效率 η 将得到提高。另一方面，包覆材料的原子及化学键参与抵抗表面附近激发态发光中心的膨胀，在包覆材料的包覆下发光材料的晶格刚性进一步提高。因此，发光中心 CTS 坐标偏差的增加得到有效抑制，由 CTS 向 Eu^{3+}的 ^{5}D 态的跃迁概率得到提升。很明显，Eu^{3+}掺杂纳米发光材料的发光效率将由此而提高。

5.7　本章小结

（1）随着 Eu^{3+}掺杂发光材料在纳米量级内的尺寸下降，材料的相对体积形变导致了发光中心零声子电荷迁移能 E_{zp} 的下降，而发光中心环境刚性的下降导致了 CTS 坐标偏差的增加。在位形坐标模型中，零声子电荷迁移能的下降以及 CTS 坐标偏差的增加意味着电荷迁移态 CTS 在 CCD 中的移动。

（2）在 CCD 中 CTS 的移动导致了由 CTS 向 Eu^{3+}的 ^{5}D 态跃迁概率的下降和向 ^{7}F 态跃迁概率的上升，发光中心的激发趋于以发射声子的方式被弛豫。依据 Jodd-Ofelt 理论和光谱实验，证实了 Eu^{3+}掺杂发光材料发光中心 CTS→^{5}D 跃迁概率以及 Eu^{3+}辐射跃迁效率随材料纳米尺寸的减小而下降，进而进一步揭示了发光效率下降的微观机制。

（3）随着 Eu^{3+}掺杂发光材料在纳米量级内的尺寸下降，发光中心所处的晶格环境刚性将严重下降，因而 CTS 坐标偏差的增加是导致发光中心弛豫的主要因素；零声子电荷迁移能的下降（幅度为十分之几电子伏）是影响相对较小的次要因素。

（4）鉴于本研究中所揭示的发光中心弛豫机理，提出了可行的表面包覆方法以提高 CT 激发下 Eu^{3+}掺杂纳米发光材料的发光效率，探讨了改善发光中心的环境刚性以及消除表面猝灭中心以提高材料发光效率的可行性。

第6章 电荷迁移激发下 La_2O_3：Eu^{3+} 纳米材料发光效率的改善

对于我们所熟悉和了解的各种稀土发光材料，发光效率随着材料在纳米量级内的尺寸减小而下降是一种普遍的现象。在稀土发光材料所表现出的各种纳米效应中，发光效率的下降是最受关注的，因为这种纳米效应必须尽量克服，该效应在实际应用中直接决定着作为发光功用的纳米稀土发光材料的有效性。稀土发光材料发光效率随着材料纳米尺寸的减小而下降不仅是一种纳米效应，而确切地说是一种表面效应，因此发光效率表面效应的强弱应该能够用一个参数来衡量。此参数将是非常重要的，发光效率随材料纳米尺寸减小而下降的幅度可以由此参数来表征。此参数也决定着一个尺寸极限，低于此极限的纳米发光材料将因过低的光效而在实际应用中失去价值。对于不同种类的稀土发光材料，发光效率随材料纳米尺寸减小的下降幅度应该是不同的，而对于某一特定的发光材料，此幅度又是可以度量的。这一值得探讨的重要内容，在以往的研究中却一直没有得到关注。

为了确保和提高纳米稀土发光材料的实用性，其发光效率有待改善。原则上来说，特定材料发光效率的改善措施应该基于其特定的猝灭机理。对于不同种类的稀土发光材料以及不同的激发方式，影响发光效率的原因必定是不同而又复杂的。第5章已经以理论分析和实验验证为基础，深入探讨了 CT 激发下 Eu^{3+} 掺杂纳米发光材料发光中心的猝灭机理。在本章研究内容中，鉴于所揭示的猝灭机理，将以 La_2O_3：Eu^{3+} 纳米发光材料作为典型的研究对象，采用合适的表面包覆方法以改善其发光效率。表面包覆之后 La_2O_3：Eu^{3+} 纳米材料相关参数的变化可通过实验得到确定，并对参数的变化进行深入的探讨。

6.1 La_2O_3：Eu^{3+} 发光材料及其电荷迁移激发

La_2O_3：Eu^{3+} 发光材料的 La_2O_3 基质晶格具有六方相结构，其结构如图 6.1 所示。6 个 O^{2-} 构成一个八面体，每个面为三角形，其中平行相对着的两个面为等边三角形，分别以标记为 1 和标记为 2 的 O^{2-} 作为顶点。其中一个等边三角形的中心为第 7 个 O^{2-}，而另一个等边三角形的中心为 La^{3+}。Eu^{3+} 掺入 La_2O_3 基质晶格中形成 La_2O_3：Eu^{3+} 发光材料，作为替位式杂质，Eu^{3+}占据 La^{3+}的 C_{3V}格位。

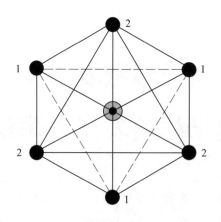

图 6.1   六方相的 La$_2$O$_3$ 基质晶格结构示意图

图 6.2 所示为 La$_2$O$_3$ 基质材料的拉曼光谱。由该谱图可见，La$_2$O$_3$ 基质材料的声子能量是较低的（最高值为 139 cm^{-1}）。由前面的讨论（见第 5 章）可知，发光材料较低的声子能量将使材料内发光离子激发态的多声子弛豫过程得到抑制，这有利于发光离子的辐射跃迁。对于 La$_2$O$_3$：Eu^{3+}发光材料，较低的基质声子能量有利于 Eu^{3+}较高 ^{5}D 态的辐射跃迁。

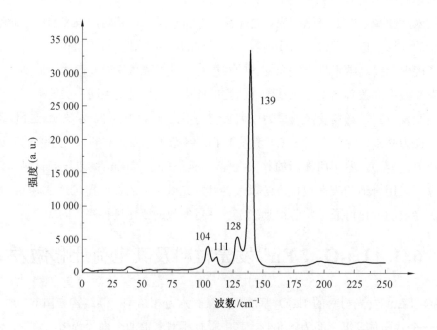

图 6.2   La$_2$O$_3$ 基质材料的拉曼光谱

对于 La$_2$O$_3$：Eu^{3+}发光材料的 CT 激发，发光中心由中心 Eu^{3+}以及与其相互作用着的配体 O^{2-}构成。当中心 Eu^{3+}处于基态（$^7F_0$）时，发光中心处于初态（Eu^{3+}(4f^6)$_g$–O^{2-}）。在 CT 激发过程中，一个电子从配体 O^{2-}迁移至中心 Eu^{3+}（Eu^{3+}–O^{2-}→Eu^{2+}–O^{1-}），发光中心由此处于电荷迁移态 CTS（Eu^{2+}(4f^7)$_g$–O^{1-}）。对于发光中心处于初态和电荷迁移态 CTS 这两种情况，配体相对于中心离子的平衡距离是不同的，在 CCD 中具有一定的位形坐标偏差 $\Delta R = R_0' - R_0$，如图 1.7 所示。$E_{CT}=E_{zp}+S\eta\omega$为 CT 激发所需的电荷迁移能，对于 La$_2O_3$：Eu^{3+}发光材料，由于零声子电荷迁移能 E_{zp}较低（33.7×10^3 cm^{-1}），因此其电荷迁移能 E_{CT}低于其他多种 Eu^{3+}掺杂发光材料的电荷迁移能，激发光谱处于较长的波段范围，谱峰位于接近 280 nm 处（相比之下，Y$_2$O$_3$：Eu^{3+}的激发谱处于较短的波段，谱峰位于接近 240 nm 处）。图 6.3 为 La$_2$O$_3$：Eu^{3+}发光材料的激发光谱，其中强而宽的谱峰对应电荷迁移（CT）激发，短波长处的小峰对应基质激发。

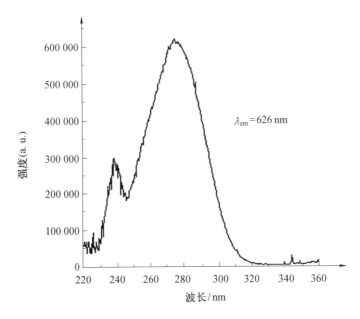

图 6.3　La$_2$O$_3$：Eu^{3+}发光材料的激发光谱

6.2　La$_2$O$_3$：Eu^{3+}纳米材料发光效率的下降

在实验中，在同样的激发条件（同样的激发波长和激发强度）下，不同尺寸（G/N）的 La$_2$O$_3$：Eu^{3+}纳米材料的发射光谱如图 6.4 所示。随着材料纳米尺寸的下降，发射光谱强度也随之下降，而光谱强度的变化代表了发光效率的变化（激发条件相同）。

对于稀土离子掺杂发光材料，当其基质晶格结构变得紊乱而趋于无定形化时，稀土离子所处格位环境的对称性也随之降低。反之，如果能够探知稀土离子所处格位环境对称性的变化，则作为晶格紊乱程度的重要数据，可以表征基质晶格结构的变化。特别地，对于 Eu^{3+} 掺杂发光材料，Eu^{3+} 的局部格位环境对其光谱特性有着极大的影响，依据其发射光谱的变化可以探知发光材料局部结构的变化。

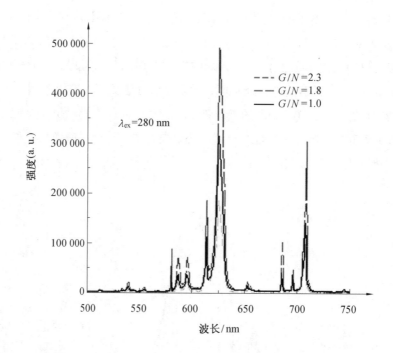

图 6.4　不同尺寸（G/N）La_2O_3：Eu^{3+} 纳米材料的发射光谱

对于 Eu^{3+} 的 $^5D_0 \rightarrow {}^7F_1$ 磁偶极跃迁，其强度基本与晶格环境无关，而 Eu^{3+} 的 $^5D_0 \rightarrow {}^7F_2$ 电偶极跃迁强度却强烈地依赖于 Eu^{3+} 格位环境的非对称性，因此称为超敏感电偶极跃迁。在 Eu^{3+} 的发射光谱中，$^5D_0 \rightarrow {}^7F_2$ 电偶极跃迁与 $^5D_0 \rightarrow {}^7F_1$ 磁偶极跃迁强度之比为

$$R = \frac{I_{(^5D_0 - {}^7F_2)}}{I_{(^5D_0 - {}^7F_1)}} \tag{6.1}$$

式中，I 为发射谱峰的积分强度；R 为非对称比，衡量了 Eu^{3+} 周围局域环境的非对称性，较大的 R 值意味着较高的晶格环境紊乱程度。

在实验中，计算了体相和纳米 La_2O_3：Eu^{3+} 样品的非对称比 R 并将其列于表 6.1 中。由非对称比的差异可见，当 La_2O_3：Eu^{3+} 发光材料的尺度下降到纳米量级时，基质晶格的紊乱程度增加了（见表 6.1 中 S_1 和 S_2 样品不同的 R 值），其结构趋于无定形化。

表 6.1 测量或计算得到不同样品的相关参数

样品	R	A_R /s^{-1}	τ / ms	η	$\int_0^2 I(v)\mathrm{d}v$	跃迁概率 $P_{CTS,D}$
S$_1$	10.46	414.43	2.07	0.857 9	1.061×10^7	1
S$_2$	11.52	456.42	1.27	0.579 7	3.623×10^6	0.505
S$_3$	11.45	453.65	1.35	0.612 4	5.297×10^6	0.699
S$_4$	11.20	443.74	1.67	0.741 0	8.323×10^6	0.908

  根据本书中已经给出的结论，在趋于无定形化的 La$_2$O$_3$：Eu^{3+}发光材料中，发光中心的环境刚性是下降的。此外，由于尺寸因素的重要作用，即纳米材料巨大的表体比（表面积–体积比），更多的发光中心趋近于材料表面，发光中心的环境刚性进一步下降。因此可以得出结论：随着 La$_2$O$_3$：Eu^{3+}发光材料在纳米量级内的尺寸下降，其发光中心 CTS 坐标偏差将增大，在发光中心的 CCD 中 CTS 抛物线将向右移动，如图 6.5 中箭头所示。

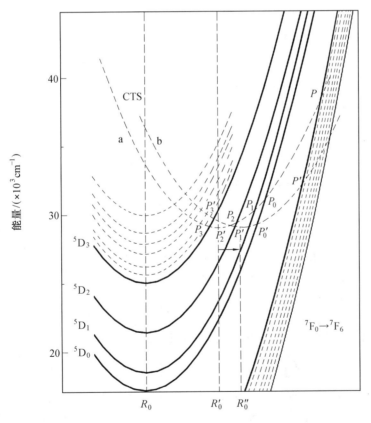

图 6.5 La$_2$O$_3$：Eu^{3+}纳米材料发光中心的 CTS 抛物线

（在构型坐标图中右移抛物线 a 和 b 分别代表体材料和纳米材料的 CTS）

在 La$_2$O$_3$：Eu^{3+}纳米发光材料中，发光中心环境刚性的下降导致了其 CTS 坐标偏差的增加，进而导致了由 CTS 向 Eu^{3+}的 ^{5}D 态跃迁概率的下降和向 ^{7}F 态跃迁概率的上升。也就是说，发光中心的电荷迁移态能量有更大的概率转化为发光中心的振动能量而弛豫，在这样的过程中没有实现 Eu^{3+}的激发，材料的发光效率由此下降。晶格结构的变化还将导致发光中心零声子电荷迁移能的下降，但这作为导致发光效率下降的次要因素（相对于 CTS 坐标偏差的增加），在本部分研究中没有予以考虑。另一方面，如文献所指出，随着发光材料尺寸在纳米量级内的下降，材料表体比迅速增加，相对来说更大表面上更多的缺陷和悬挂键等形成 Eu^{3+}的猝灭中心，向猝灭中心的能量传递过程为处于 ^{5}D 激发态 Eu^{3+}的非辐射弛豫过程，Eu^{3+}的辐射效率将由此而下降。这是 La$_2$O$_3$：Eu^{3+}纳米发光材料在 CT 激发下发光效率下降的两种重要机制。

6.3 La$_2$O$_3$：Eu^{3+}纳米材料发光效率的改善

6.3.1 表面包覆方法的采用

由本书给出的 Eu^{3+}掺杂纳米发光材料发光效率的下降机制可知，如果我们能够以具体的措施改善 La$_2$O$_3$：Eu^{3+}纳米材料发光中心所处环境的刚性，由此抑制发光中心 CTS 坐标偏差的增加；同时能够减小纳米材料表面上悬挂键、缺陷等所形成的猝灭中心的数量，那么 La$_2$O$_3$：Eu^{3+}纳米材料的发光效率必将得到提高。

知道问题的根源就等于找到了解决问题的途径，可以采取合适的表面包覆方法以提高 La$_2$O$_3$：Eu^{3+}纳米材料的发光效率。包覆材料应具有合适的厚度，在激发与发射波段要具有高的透过率，这样才不至于影响内部发光材料对激发光的有效吸收以及此后向外部的光辐射。这需要发光材料与包覆材料良好地结合，这样发光材料表面的猝灭中心（悬挂键与缺陷等）才能被有效消除，Eu^{3+}的 ^{5}D 态的辐射跃迁概率将由此而提高。良好的结合将使包覆层原子及化学键有效地参与对激发态发光中心膨胀的抵抗，发光中心的环境刚性将由此得到改善，发光中心 CTS 至 Eu^{3+}的 ^{5}D 态的跃迁概率由此提高。可以预期，在合适的表面包覆下，材料的发光效率将得到提高。

6.3.2 La$_2$O$_3$：Eu^{3+}纳米材料表面包覆的实验表征

实验中采用比较之后优选的 SiO$_2$ 包覆材料，经过逐步的实验摸索，以 Stöber 方法实现了纳米 La$_2$O$_3$：Eu^{3+}样品的表面包覆，并且以接触角测试方法对包覆效果进行了检测（见第 2 章）。经过多次实验证明，对于 30 nm 尺寸的 La$_2$O$_3$：Eu^{3+}纳米样品的表面包覆，La$_2$O$_3$：Eu^{3+}与 SiO$_2$ 合适的质量比为 3：1。TEM 测试证实了核-壳结构的形成，因材料具有不同的电子透过率，其核-壳界限能够被清楚地观察到，如图 6.6 所示。

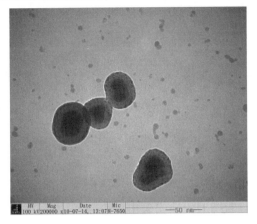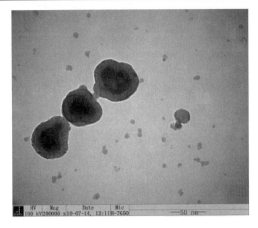

图 6.6　SiO₂ 包覆的 La₂O₃：Eu³⁺样品的 TEM 图片

经 XRD 测试可知，当 La₂O₃：Eu³⁺材料的尺寸降至 30 nm 时，虽然基质晶格趋于无定形化，但仍基本保持六方相结构。XRD 数据能够表明 SiO₂ 层在 800 ℃下退火 1 h 后仍可保持无定形态，因为在相应的 XRD 谱图中并没有特殊谱峰的出现，如图 6.7 所示。

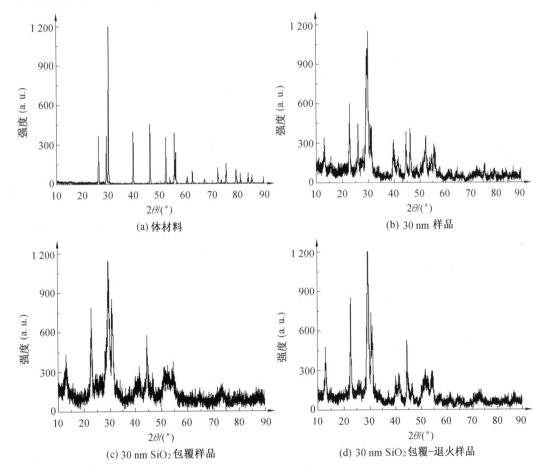

图 6.7　La₂O₃：Eu³⁺体材料、30 nm 样品、30 nm SiO₂ 包覆样品及 30 nm SiO₂ 包覆-退火样品的 XRD 谱图

在红外吸收光谱（FT-IR）的测试中，红外光作用于被测物质，如果物质分子中的原子振动频率恰好与红外光波的频率相符，则将引起分子对红外光的共振吸收，由低振动能级跃迁至高振动能级。物质中特定的化学键（基团）有着特定的振动频率，而物质分子对红外光的共振吸收将使红外光的透过率下降。因此，对物质材料进行红外吸收光谱测试，得到红外光的透过率相对于光波段（波长或波数）的谱图，根据红外光吸收的峰值位置及强度大小，可以测定物质所含有的结构成分及成分含量。由于物质分子化学键的振动不是孤立的，而是要受到不同邻近结构（分子其他部分或邻近基团等）的不同影响，因此其频率不是一个定值而是在一个较小范围内变化，致使 FT-IR 谱的吸收峰具有一定的宽度。

为了检测 La_2O_3：Eu^{3+} 粉体样品的 SiO_2 表面包覆效果，实验中对 La_2O_3：Eu^{3+} 样品、SiO_2 包覆的 La_2O_3：Eu^{3+} 样品和 SiO_2 包覆-退火的 La_2O_3：Eu^{3+} 样品进行了 FT-IR 测试。测试前对每种样品进行 KBr 压片处理（将样品与 KBr 按照 1：100 的质量比均匀混合并压制成薄片）。所用 FT-IR 设备为红外吸收光谱仪（FT-IR Varian 800），测量范围为 400～4 000 cm^{-1}，测量精度为 0.01 cm^{-1}。

La_2O_3：Eu^{3+} 样品、SiO_2 包覆的 La_2O_3：Eu^{3+} 样品和 SiO_2 包覆-退火的 La_2O_3：Eu^{3+} 样品的 FT-IR 谱图如图 6.8 所示。

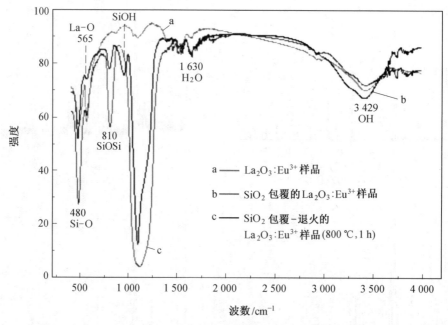

图 6.8　未包覆的、SiO_2 包覆的及 SiO_2 包覆并退火的 La_2O_3：Eu^{3+} 样品的 FT-IR 谱图

在这三个谱图中，La-O（565 cm^{-1}）、OH（3 429 cm^{-1}）和 H_2O（1 630 cm^{-1}）的吸收带都出现了，但曲线的 OH 吸收带很弱。众所周知，OH 是发光材料的一种猝灭中心，其数量在 SiO_2 包覆的 La_2O_3：Eu^{3+} 样品退火之后下降了。在 b、c 曲线中，均出现了 Si-O-Si（1 118 cm^{-1}、810 cm^{-1}）、Si-O（480 cm^{-1}）吸收带，但这两个吸收带在 c 曲线中更强，表

明退火之后 SiO_2 层的结构得到了改善。据文献报道，退火促进了 SiO_2 与金属离子（La^{3+}、Eu^{3+}）的结合，而 Si–OH（954 cm^{-1}）键在此结合过程中起到了重要作用。当 Si–O–La 结构形成之后，OH 将脱离，其吸收带在 c 曲线中消失。

经过表面包覆和随后的退火过程，SiO_2 层的结构得到了改善，核-壳结合得到了加强。SiO_2 层中的原子及化学键将参与对 La_2O_3：Eu^{3+}纳米发光材料中激发态发光中心膨胀的抵抗，因此发光中心的环境刚性将得到提高。此外，在表面包覆和随后的退火中 La_2O_3：Eu^{3+} 发光材料内的局部紊乱程度将有所下降（见表 6.1 中 S_2、S_3 和 S_4 样品的不同 R 值），发光中心的环境刚性将因此进一步得到提高。由于这些原因，发光中心 CTS 至 Eu^{3+} 的 ^5D 态的跃迁概率将得到提高。另一方面，由于 Si–O–La 结构的形成，La_2O_3：Eu^{3+}发光材料表面上悬挂键和缺陷形成的猝灭中心的数量将大幅度地下降，激发态 Eu^{3+} 向猝灭中心的能量传递得到抑制，Eu^{3+} 的 ^5D 态辐射跃迁概率将由此提高。经过表面包覆和随后的退火过程，La_2O_3：Eu^{3+}纳米发光材料的发光效率将得到提高。

6.4　SiO_2 包覆的 La_2O_3：Eu^{3+}纳米材料发光效率光谱实验检测

6.4.1　光谱实验中发光效率的可比性

鉴于导致 La_2O_3：Eu^{3+}纳米发光材料在 CT 激发下发光效率下降的两种重要机制（发光中心环境刚性的下降以及表面猝灭中心的存在），采用了合适的表面包覆方法成功实现了 La_2O_3：Eu^{3+}纳米发光材料的表面 SiO_2 包覆。下面对 $SiO_2@La_2O_3$：Eu^{3+}（表面包覆 SiO_2 的 La_2O_3：Eu^{3+}）纳米材料的发光效率进行检测，以求证是否实现了发光效率的提高。

如果直接将纯净 La_2O_3：Eu^{3+}纳米材料和 $SiO_2@La_2O_3$：Eu^{3+}纳米材料进行光谱测试，在激发条件相同的情况下比较发射光谱的强度，则不会得到切实可靠的结论，因为这不符合可比性。理由是，对于纯净的 La_2O_3：Eu^{3+}纳米材料和 $SiO_2@La_2O_3$：Eu^{3+}纳米材料，在相同的质量、体积或者光谱测试中激发光在样品中的有效透入层以内，实际的 La_2O_3：Eu^{3+}含量是不同的（后者较少）。因此，即便 SiO_2 的表面包覆真的实现了 La_2O_3：Eu^{3+}纳米材料发光效率的提高，但在上述光谱测试比较中其光谱强度可能没有增强甚至是下降的。

在发光效率的光谱实验检测中需要尽量符合可比原则以保证实验结论的可靠性。我们首先采用 Stöber 方法制备了纳米 SiO_2 样品。按照 $SiO_2@La_2O_3$：Eu^{3+}材料中 SiO_2 与 La_2O_3：Eu^{3+} 的质量比（1：3），将纳米 SiO_2 与纳米 La_2O_3：Eu^{3+}充分混合。这样，我们就已经准备了两种样品，即 SiO_2 掺杂的 La_2O_3：Eu^{3+}纳米样品和 SiO_2 包覆的 La_2O_3：Eu^{3+}纳米样品，每种样品中 SiO_2 与 La_2O_3：Eu^{3+}的质量比相同（1：3）。再将一部分 SiO_2 掺杂的 La_2O_3：Eu^{3+}纳米样品和 SiO_2 包覆的 La_2O_3：Eu^{3+}纳米样品在相同条件下进行退火处理（800 ℃、1 h），以备光谱实验。

6.4.2 光谱强度比较实验

在相同的 CT 激发条件（相同的激发强度和波长）下，SiO$_2$ 掺杂的 La$_2$O$_3$：Eu^{3+}纳米样品与 SiO$_2$ 包覆的 La$_2$O$_3$：Eu^{3+}纳米样品的发射光谱如图 6.9 所示。两种样品中 SiO$_2$ 与 La$_2$O$_3$：Eu^{3+}的质量比均为 1：3，La$_2$O$_3$：Eu^{3+}尺寸均为 30 nm。基于发射光谱的积分强度测量可知，SiO$_2$ 包覆的 La$_2$O$_3$：Eu^{3+}样品的发射光谱强度是 SiO$_2$ 掺杂的 La$_2$O$_3$：Eu^{3+}纳米样品发射光谱强度的约 1.5 倍，由此确凿地证明了 SiO$_2$ 的表面包覆实现了 La$_2$O$_3$：Eu^{3+}纳米材料发光效率的提高。

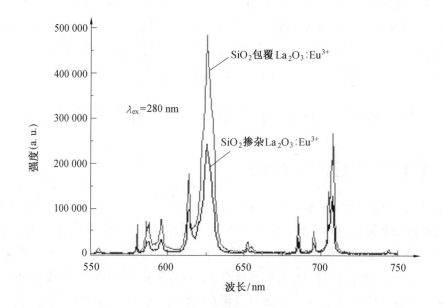

图 6.9　SiO$_2$ 掺杂和 SiO$_2$ 包覆的 La$_2$O$_3$：Eu^{3+}样品的发射光谱

经过相同条件（800 ℃、1 h）的退火处理之后，SiO$_2$ 掺杂的 La$_2$O$_3$：Eu^{3+}纳米样品和 SiO$_2$ 包覆的 La$_2$O$_3$：Eu^{3+}纳米样品的发射光谱如图 6.10 所示（激发条件相同）。两种样品中 SiO$_2$ 与 La$_2$O$_3$：Eu^{3+}的质量比均为 1：3，La$_2$O$_3$：Eu^{3+}尺寸均为 30 nm。基于发射光谱的积分强度测量可知退火后 SiO$_2$ 包覆的 La$_2$O$_3$：Eu^{3+}样品的发射光谱强度是 SiO$_2$ 掺杂的 La$_2$O$_3$：Eu^{3+}样品发射光谱强度的约 2.3 倍。此实验充分地证明了退火过程实现了 SiO$_2$ 层与 La$_2$O$_3$：Eu^{3+}纳米发光材料的良好结合以及良好的结合对提高发光效率的重要作用。

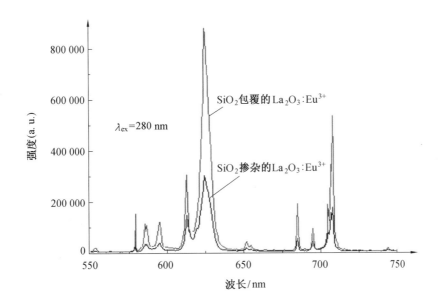

图 6.10　相同条件（800 ℃、1 h）退火处理后 SiO$_2$ 掺杂和 SiO$_2$ 包覆的 La$_2$O$_3$：Eu^{3+}样品的发射光谱

6.5　不同样品材料相关参数的实验测定

从微观机制的角度分析，发光效率变化的根源在于发光材料相关参数的变化。因此，为了进一步挖掘不同样品材料发光效率差别的根源，首先需要测定相关参数的变化。实验中不同的样品材料包括：体相 La$_2$O$_3$：Eu^{3+}样品、30 nm 的 La$_2$O$_3$：Eu^{3+}样品、30 nm 的 SiO$_2$ 包覆的 La$_2$O$_3$：Eu^{3+}样品、30 nm 的 SiO$_2$ 包覆及退火的 La$_2$O$_3$：Eu^{3+}样品。

在 La$_2$O$_3$：Eu^{3+}发光材料的 CT 激发过程中，由发光中心 CTS 的跃迁实现了 Eu^{3+}各 ^{5}D 态的布居，激发态 Eu^{3+}的 ^{5}D 态之间的弛豫使得 ^{5}D$_0$ 态辐射跃迁在发射光谱中处于主导地位。在 CT 激发下，La$_2$O$_3$：Eu^{3+}发光材料的发光效率 P 取决于发光中心 CTS 向 Eu^{3+}的 ^{5}D 态的跃迁概率 $P_{CTS,D}$ 以及 Eu^{3+}的 ^{5}D 态的辐射跃迁效率 η。

对于 La$_2$O$_3$：Eu^{3+}发光材料的 ^{5}D$_0 \rightarrow {}^7$F$_1$ 磁偶极跃迁，在前面的研究中已经求得其辐射速率为 $A_{md} = 39.62$ s^{-1}。求得 A_{md} 之后，^{5}D$_0$ 态的辐射速率 A_R 能够借助于光谱实验求出（见式（5.10）），所求得的不同 La$_2$O$_3$：Eu^{3+}样品 ^{5}D$_0$ 辐射速率 A_R 列于表 6.1 中。

对 ^{5}D$_0 \rightarrow {}^7$F$_2$ 跃迁进行检测，得到不同 La$_2$O$_3$：Eu^{3+}样品的荧光衰减曲线，如图 6.11 所示。通过单指数拟合（ $I(t) = I_0 e^{-t/\tau}$ ）得到 ^{5}D$_0$ 态寿命 τ，列于表 6.1 中。

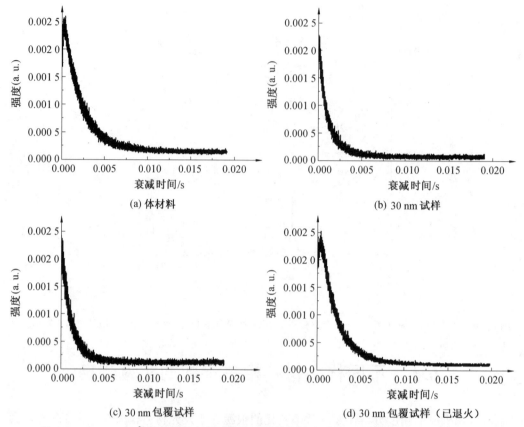

图 6.11　La$_2$O$_3$：Eu^{3+}样品的荧光衰减曲线（激发波长为 280 nm，发射波长为 626 nm）

不同 La$_2$O$_3$：Eu^{3+}样品 ^{5}D$_0$ 辐射跃迁效率 η 可按式（5.12）求出，所求得的不同 La$_2$O$_3$：Eu^{3+}样品 ^{5}D$_0$ 辐射跃迁效率 η 列于表 6.1 中。

在相同的激发条件下，发光效率 P 正比于发射光谱的积分强度。对于 La$_2$O$_3$：Eu^{3+}发光材料，Eu^{3+}处于 La$_2$O$_3$ 基质晶格中的 C$_{3V}$ 对称性格位。在该格位上 Eu^{3+}的 ^{5}D$_0 \rightarrow$ ^{7}F$_2$ 超敏感电偶极跃迁在发射光谱中比其他各 ^{5}D$_0 \rightarrow$ ^{7}F$_J$ 跃迁强得多，处于主导地位。因此，根据式（5.7），可以用发射光谱中 ^{5}D$_0 \rightarrow$ ^{7}F$_2$ 跃迁的积分强度代替发光效率 P，求得不同 La$_2$O$_3$：Eu^{3+}样品发光中心 CTS 向 ^{5}D 态跃迁概率 $P_{CTS,D}$ 的相对值。不同 La$_2$O$_3$：Eu^{3+}样品的测量得到的 ^{5}D$_0 \rightarrow$ ^{7}F$_2$ 跃迁积分强度以及计算得到的 $P_{CTS,D}$ 相对值列于表 6.1 中。

从表 6.1 列出的不同 La$_2$O$_3$：Eu^{3+}样品相关参数的差别（S$_1$ 和 S$_2$ 样品的不同 $P_{CTS,D}$ 相对值及不同 η）可见，当 La$_2$O$_3$：Eu^{3+}发光材料的尺寸从体相降到纳米量级时，发光中心 CTS 向 Eu^{3+}的 ^{5}D 态的跃迁概率以及 ^{5}D 态的辐射跃迁效率均有所下降，因此纳米 La$_2$O$_3$：Eu^{3+}发光材料发光效率的下降是这两参数变化的必然结果。经过表面包覆，发光中心 CTS 向 Eu^{3+}的 ^{5}D 态的跃迁概率以及 ^{5}D 态的辐射跃迁效率均得到提高（S$_2$ 和 S$_3$ 样品的不同 $P_{CTS,D}$ 相对值及不同的 η），发光效率得到改善。经过 800 ℃下 1 h 的退火处理，进一步促进了表面包覆效果，发光中心 CTS 向 ^{5}D 态的跃迁概率的上升以及 ^{5}D 态的辐射跃迁效率的提高变得更加明显（S$_3$ 和 S$_4$ 样品的不同 $P_{\mathrm{CTS, D}}$ 相对值及不同 η），发光效率进一步改善。

　　由许多文献给出的结构数据可见，晶格紊乱程度的上升是多种纳米发光材料所具有的一般特点，此特点导致了 Eu^{3+}掺杂纳米发光材料发光中心环境刚性的下降。此外，随着 Eu^{3+}掺杂发光材料在纳米量级内的尺寸下降，更多的发光中心趋近于材料表面而更少的原子以及化学键参与对激发态发光中心的抵抗，这是导致发光中心环境刚性下降的另一个一般特点。因此，发光中心 CTS 坐标偏差的增加及由此导致的 CTS 向 Eu^{3+}的 ^{5}D 态跃迁概率的下降是 CT 激发下 Eu^{3+}掺杂纳米发光材料的一般特点。另一方面，材料的表面悬挂键、缺陷等形成辐射发光的猝灭中心，由激发态 Eu^{3+}向猝灭中心的能量传递降低了 Eu^{3+}的 ^{5}D 态的辐射跃迁效率。这个事实不只适用于某一特定材料，而是适用于各种 Eu^{3+}掺杂纳米发光材料。因此，对于本研究中已经由实验证明了的适用于 La$_2$O$_3$：Eu^{3+}纳米发光材料的表面包覆方法，其提高发光效率的机理具备一般性。表面包覆方法为具有一般适用性的方法，适用于改善 CT 激发下 Eu^{3+}掺杂纳米发光材料的发光效率。

6.6　Eu^{3+}掺杂纳米发光材料发光效率表面效应的定量衡量

6.6.1　依照光效的变化对 Eu^{3+}掺杂纳米发光材料的区域划分

　　Eu^{3+}掺杂发光材料尺寸纳米化之后发光效率的下降现象是一种纳米效应，而具体地说是一种表面效应，因为这种现象是由纳米材料巨大的比表面积造成的。可以想象，在发光材料内部趋近和远离材料表面的不同区域，发光效率（光效）是不同的。在远离材料表面的内部区域，材料的光效将保持恒定的较高值。从至表面某一特定距离开始，越趋近材料表面，光效越下降，光效与表面距离的关系是渐变的，在表面上光效应为零。设定 Eu^{3+}掺杂纳米发光材料为球形，光效的高低以亮度的明暗来表示，则光效与表面距离的关系如图 6.12 所示。

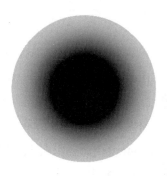

图 6.12　球形纳米发光材料光效分布示意图

从光效的差别来区分，可以将图 6.12 所示的球形材料分为两个区域，即光效保持恒定的内部区域（半径为 $r-d$）和光效下降了的厚度为 d 的表面壳层，此壳层应该称为表面猝灭层（图 6.13）。对于特定的 Eu^{3+}掺杂发光材料，该厚度 d 应为定值，基本不随材料尺寸而变化。稀土发光材料的光效之所以随着材料纳米尺寸而变化，原因在于表面猝灭层区域和内部光效恒定区域的体积比随着材料尺寸而变化。随着材料尺寸的下降，表面猝灭层区域的体积相对上升，致使光效下降。

厚度为 d 的表面猝灭层内光效较低，且光效随着至表面的距离减小而逐渐下降。但此区域毕竟是发光材料的一部分，对材料的发光具有一定贡献。可以想象厚度为 d_0 的另一个表面壳层，此壳层厚度较小（$d_0<d$），如图 6.13(a)所示。对材料的整体发光来说，厚度为 d 的表面猝灭层对发光的贡献，相当于厚度为 d_0 的表面壳层完全不发光，而除此壳层以外的区域（厚度为 $d-d_0$ 的壳层）具有与内部一致的光效。这样，表面上的这一壳层应该称为等效猝灭层，其厚度 d_0 应该称为等效猝灭层厚度，如图 6.13（b）所示。等效猝灭层厚度为表征发光效率表面效应强弱的参数，也就是发光效率随材料纳米尺寸而下降的幅度参数。对于特定的 Eu^{3+}掺杂发光材料，应该具有特定的等效猝灭层厚度。

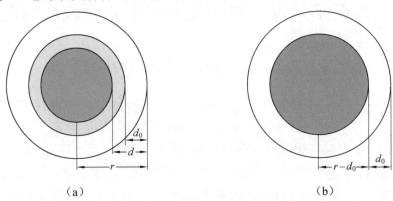

（a）　　　　　　　　　　　　　　　　　（b）

图 6.13　依照光效的变化对球形纳米发光材料的区域划分

6.6.2　等效猝灭层厚度的测算

1. 等效猝灭层厚度的测算

下面将上文探讨过的 La$_2$O$_3$：Eu^{3+}纳米发光材料作为范例，借助光谱实验，测算该材料在 CT 激发下的等效猝灭层厚度。实验中所用体材料（亚微米级）及不同尺寸 La$_2$O$_3$：Eu^{3+}纳米粉体样品的 XRD 谱图如图 6.14 及图 6.15 所示。各 XRD 谱图所对应纳米粉体的尺寸为 40 nm、32 nm、27 nm 和 23 nm。之所以没有采用更小尺寸的纳米样品，是由于过小的材料纳米尺寸将导致发射光谱的形状和位置发生变化，如图 6.14 所示，给后续的比较和计算造成麻烦。

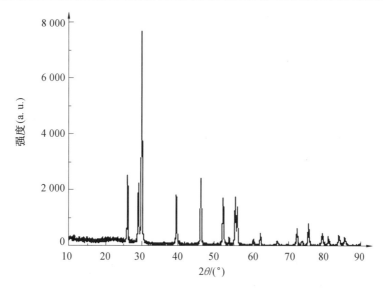

图 6.14　La₂O₃：Eu³⁺体材料的 XRD 谱图

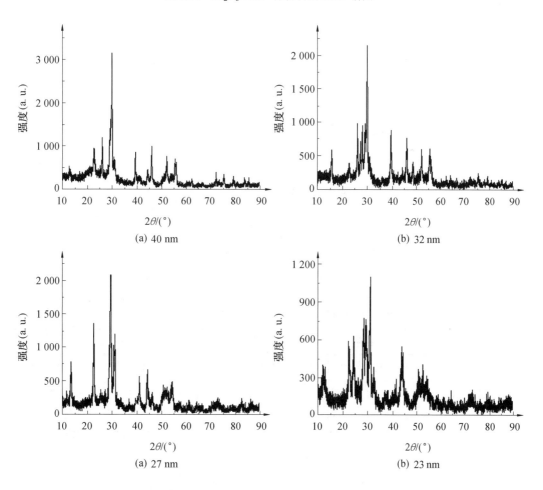

(a) 40 nm

(b) 32 nm

(a) 27 nm

(b) 23 nm

图 6.15　不同尺寸 La₂O₃：Eu³⁺纳米样品的 XRD 谱图

图 6.16 所示为各 La₂O₃：Eu³⁺纳米样品在 CT 激发下的发射光谱。测试每个样品时使粉体样品在样品池中尽量具有同样的平整度和紧密程度。光谱测试过程中各样品的激发条件完全相同，样品的激发光斑面积相同，透入样品深度基本一致。如果具备了上述条件，可以认为发射光谱强度将代表样品的发光效率，光谱强度之比为发光效率之比。各 La₂O₃：Eu³⁺样品发射光谱中代表光谱强度的 Eu³⁺的 $^5D_0 \rightarrow \, ^7F_2$ 超敏感跃迁谱峰的积分面积（605～640 nm）列于表 6.2 中。由此得到各样品发光效率之比（P），列于表 6.2 中。

前面已经说明，作为发光材料的表面效应，表面猝灭层的存在（厚度为 d）降低了材料的发光效率，相当于等效猝灭层（厚度为 d_0）完全不发光。对于体相材料，厚度为 d 或者 d_0 的表面层仅占材料体积极其微小而可以略而不计的一部分，因此体相材料具有高的光效。随着材料的尺寸降至纳米量级，厚度为 d 或者 d_0 的表面层在材料总体积中的相对比例上升明显，进而导致了材料光效的下降。

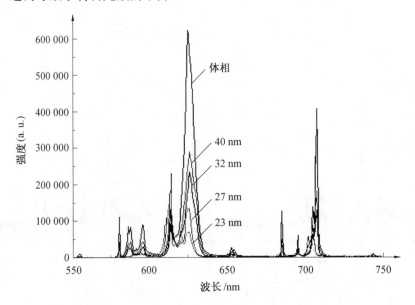

图 6.16　各 La₂O₃：Eu³⁺纳米样品在 CT 激发下的发射光谱

表 6.2　La₂O₃：Eu³⁺体材料和不同尺寸纳米样品光谱积分强度、相对发光效率及求得等效猝灭层厚度参数值

样品	体相	40 nm	32 nm	27 nm	23 nm
$\int_0^2 I(v)\mathrm{d}v$	9.067×10^6	4.390×10^6	3.428×10^6	2.427×10^6	1.320×10^6
样品发光效率之比 P	1	0.485	0.378	0.268	0.146
d_0	—	4.29 nm	4.43 nm	4.80 nm	5.45 nm

依据定量分析，在一定的激发条件下，材料的发光效率可以以单位体积的发光强度通量来衡量，而发光强度通量是发光效率变量对材料的体积分。由此分析，可以得出纳米材

料发光效率与材料尺寸的关系（球形）为

$$\frac{p_r}{p_{\text{bulk}}} = \frac{4}{3}\pi \cdot \frac{(r-d_0)^3}{\frac{4}{3}\pi \cdot r^3} = \frac{(r-d_0)^3}{r^3} \qquad (6.2)$$

式中，p_{bulk} 和 p_r 分别为体相材料和半径为 r 的球形材料的发光效率。

依据表 6.2 给出的各样品尺寸及相对发光效率数据，分别求得等效猝灭层厚度 d_0。

对于 40 nm 样品（$r = 20$ nm），有

$$\frac{(20-d_0)^3}{20^3} = 0.485, \quad d_0=4.29 \text{ nm}$$

对于 32 nm 样品（$r = 16$ nm），有

$$\frac{(16-d_0)^3}{16^3} = 0.378, \quad d_0=4.43 \text{ nm}$$

对于 27 nm 样品（$r =13.5$ nm），有

$$\frac{(13-d_0)^3}{13^3} = 0.268, \quad d_0=4.80 \text{ nm}$$

对于 23 nm 样品（$r =11.5$ nm），有

$$\frac{(11-d_0)^3}{11.5^3} = 0.146, \quad d_0=5.45 \text{ nm}$$

通过以上的求解方法可以明显看出，为了得到某种 Eu^{3+} 掺杂发光材料相对准确的等效猝灭层厚度数值，需要首先得到准确的实验数据。这需要实验过程具有高的精确度，其中相当重要的是实验所用的纳米发光材料样品要具有良好的规则性，包括样品尺寸的一致性以及形貌的一致性（并不要求样品形貌一定为球形），这对于纳米尺度的材料制备来说要求是很高的。

2. 对计算结果的分析

在上文所述的 La_2O_3：Eu^{3+} 发光材料等效猝灭层厚度求法中，分别以四种不同尺寸纳米样品求得了四个较大差别的数值，数值的较大差别主要源于实验所用样品的尺寸一致性及形貌一致性较低。随着材料纳米尺寸的依次下降（40 nm、32 nm、27 nm、23 nm），所求得的等效猝灭层厚度数值依次增大（4.29 nm、4.43 nm、4.80 nm、5.45 nm）。这是由于尺寸越小的纳米样品形状越不规则（偏离球形），形状越不规则，比表面积越大（球形的比表面积最小）。而依然按球形材料来计算，自然求得偏高的等效猝灭层厚度数值。由此

可见，以较大尺寸纳米样品（形状规则性较好）求得的较小数值 4.29 nm 将更接近等效猝灭层厚度的实际值，但依然会偏高。因此可以断定，La_2O_3：Eu^{3+}发光材料的等效猝灭层厚度 d_0 在 4 nm 附近。

虽然实验的偏差以及样品的不规则致使在上面的计算中无法准确求得 La_2O_3：Eu^{3+}发光材料的等效猝灭层厚度，但结合实验数据的求解方法依然给出了该材料等效猝灭层厚度的近似数值（约 4 nm）。结合实验数据的求解方法为具备一般实用性的有效方法，在保证实验纳米样品尺寸一致性、形状一致性的基础上准确测定光谱数据，特定稀土发光材料的等效猝灭层厚度数值将由此得到基本确定。该参数值的重要性在于，其定量地衡量了纳米发光材料发光效率表面效应的强弱，直接表明了发光效率随材料纳米尺寸的下降幅度。如果某种特定稀土发光材料的等效猝灭层厚度较小，则表明其发光效率随材料纳米尺寸的减小而下降得较缓慢；而对于材料一定的纳米尺寸，则对应较高的相对发光效率。事实上，某种稀土发光材料的特定等效猝灭层厚度表征了该材料在实际应用中保持发光有效性的尺寸极限，表征了材料的光效下降至一定程度时所对应的材料尺寸。对于等效猝灭层厚度（d_0）在 4 nm 左右的 La_2O_3：Eu^{3+}发光材料，其有效发光的尺寸极限（$2d_0$）在 8 nm 左右。

6.6.3 等效猝灭层厚度在表面包覆后的下降

在本书中，基于 CT 激发下 Eu^{3+}掺杂纳米材料发光效率的下降机理，采用表面包覆改善了 La_2O_3：Eu^{3+}纳米材料的发光效率，并指出表面包覆方法为具有一般适用性的方法，适用于改善 CT 激发下 Eu^{3+}掺杂纳米发光材料的发光效率。鉴于上述对 Eu^{3+}掺杂稀土发光材料表面猝灭层的探讨以及等效猝灭层厚度的定义及测算，可以对 Eu^{3+}掺杂纳米发光材料的表面包覆意义给予界定。表面包覆的意义可以表述为：表面包覆改善了材料的表面状况，削弱了表面猝灭层对发光效率的影响，即表面包覆降低了发光材料的等效猝灭层厚度，材料的发光效率由此得以提高。

我们的实验研究已经证明，采用 SiO_2 表面包覆使得 30 nm 尺寸的 La_2O_3：Eu^{3+}材料的发光效率提高至 1.5 倍。包覆之后的退火过程（800 ℃、1 h）进一步促进了 SiO_2 层与 La_2O_3：Eu^{3+}纳米发光材料的良好结合，使得 30 nm 尺寸的 La_2O_3：Eu^{3+}材料的发光效率进一步提高至原来发光效率的 2.3 倍。

设 SiO_2 表面包覆使得 La_2O_3：Eu^{3+}材料的等效猝灭层厚度由 d_0（约 4 nm）降为 d_0'，则

$$\frac{(15-d_0')^3}{15^3} = \frac{(15-4)^3}{15^3 \times 1.5}$$

求得 d_0' =2.4 nm。

设表面包覆及之后的退火过程使得 La_2O_3：Eu^{3+}材料的等效猝灭层厚度由 d_0（约 4 nm）降为 d_0''，有

$$\frac{(15-d_0'')^3}{15^3}=\frac{(15-4)^3}{15^3\times2.3}$$

求得 $d_0''=0.6$ nm。

计算结果表明，SiO$_2$ 的表面包覆使得 La$_2$O$_3$：Eu^{3+}发光材料的等效猝灭层厚度减小，使其由 4 nm 降至 2.4 nm；退火处理过程进一步促进了 SiO$_2$ 层与 La$_2$O$_3$：Eu^{3+}纳米发光材料的良好结合，使得 La$_2$O$_3$：Eu^{3+}发光材料的等效猝灭层厚度进一步降至 0.6 nm。

6.7　本章小结

（1）依据 Eu^{3+}的结构探针特性及发射光谱数据，测得体相和纳米 La$_2$O$_3$：Eu^{3+}材料中 Eu^{3+}所处格位的非对称比 R。根据格位的非对称比随晶格紊乱程度上升而增大的特点，进一步证实了 La$_2$O$_3$：Eu^{3+}材料的结构随纳米尺寸的下降而趋于无定形化。

（2）鉴于发光中心环境刚性的下降以及表面猝灭中心的存在，采用合适的表面包覆方法以提高纳米发光材料的发光效率。对 30 nm 尺寸的 La$_2$O$_3$：Eu^{3+}样品进行合适厚度的表面包覆，利用 TEM、XRD、FT-IR 等手段对包覆前后及退火处理样品进行了表征，证实了良好的包覆效果以及 SiO$_2$ 与 La$_2$O$_3$：Eu^{3+}材料的良好结合。

（3）本章设计了符合可比性的光谱实验检测表面包覆对纳米材料发光效率的影响；证实了表面包覆使得 30 nm 尺寸的 La$_2$O$_3$：Eu^{3+}材料的发光效率提高至原来的 1.5 倍，而进一步退火后提高至原来的 2.3 倍。

（4）对体相、纳米、SiO$_2$ 包覆、SiO$_2$ 包覆-退火的 La$_2$O$_3$：Eu^{3+}材料的相关参数进行实验测定和计算，证实了体相和纳米 La$_2$O$_3$：Eu^{3+}材料发光中心 CTS 向 Eu^{3+}的 ^{5}D 态的跃迁概率及 Eu^{3+}辐射跃迁效率的差别，表面包覆以及退火过程对两个参数的改善，进而证实了改善 La$_2$O$_3$：Eu^{3+}纳米材料发光效率的微观机制。

（5）鉴于 La$_2$O$_3$：Eu^{3+}发光材料发光效率的下降以及表面包覆提高发光效率的微观机制具备一般性，表面包覆方法为具有一般适用性的方法，适用于改善 CT 激发下 Eu^{3+}掺杂纳米发光材料的发光效率。

（6）本章提出等效猝灭层厚度概念，以此参数定量衡量 Eu^{3+}掺杂纳米材料发光效率随材料纳米尺寸的下降幅度；给出了借助光谱实验的等效猝灭层厚度测算方法，并具体求得 La$_2$O$_3$：Eu^{3+}发光材料的等效猝灭层厚度在 4 nm 左右，进而断定该材料有效发光的尺寸极限在 8 nm 左右。

（7）本章指出表面包覆削弱了表面猝灭层对发光效率的影响，降低了材料的等效猝灭层厚度；具体求得了 SiO$_2$ 表面包覆使得 La$_2$O$_3$：Eu^{3+}发光材料的等效猝灭层厚度由 4 nm 降至 2.4 nm，而退火处理后其厚度进一步降至 0.6 nm。

第7章 Y_2O_3：Eu^{3+}纳米发光材料电荷迁移激发光谱的红移机理研究

对于 Ln^{3+} 掺杂发光材料（Ln^{3+}= Eu^{3+}、Sm^{3+}、Yb^{3+}、Nd^{3+}、Dy^{3+}、Ho^{3+}、Er^{3+}、Tm^{3+}）的辐射发光，均适用以电荷迁移（CT）激发的方式来激发。鉴于所掺杂稀土离子（Ln^{3+}）的不同以及基质材料的不同，所表现出的 CT 激发特性不同，其中主要的是电荷迁移能的差异，其光谱表现为 CT 激发谱峰处于不同的波长区间。研究者对于 Ln^{3+} 掺杂发光材料的电荷迁移能已经进行了大量的研究工作，并总结出了一些值得参考的规律，如 Jörgensen 认为电荷迁移能与发光中心的中心离子及其配体的光学电负性差别直接相关，并给出经验公式

$$E_{CT} = 30\,000 \times [x_{opt}(L) - x_{opt}(M)]$$

式中，$x_{opt}(L)$ 与 $x_{opt}(M)$ 分别为发光中心的配体和中心离子的光学电负性。

Dorenbos 认为 Ln^{3+} 掺杂发光材料 CT 激发光谱的位置取决于材料价带顶与禁带中的 Ln^{3+} 杂质能级的能量差。从原则上讲，这些适合于体相发光材料的规律应该同样适合于纳米发光材料，而材料尺寸在纳米量级内下降时其电荷迁移能的变化应该根源于纳米尺寸下降引起的相关参数变化。对于重要的 Eu^{3+} 掺杂发光材料，电荷迁移能随着材料纳米尺寸而下降的现象（CT 激发光谱红移）已在众多文献中被报道并给出了相关的数据，而致使 Eu^{3+} 掺杂纳米发光材料电荷迁移能下降的微观机制却一直没有得到揭示，其 CT 激发光谱的红移机理没有统一而明确的定论。

在本书中，借助于发光中心的位形坐标模型，以 Y_2O_3：Eu^{3+}纳米发光材料作为典型的研究范例，对 Eu^{3+}掺杂纳米发光材料电荷迁移能的下降机理进行了专门的探讨。我们曾经推测，Eu^{3+}掺杂纳米发光材料某些不同表现的表面效应可能根源于同一种微观机制，在我们的研究中的确发现了这一重要的事实。随着 Eu^{3+}掺杂发光材料在纳米量级内的尺寸下降，其发光效率的下降与其 CT 激发光谱的红移之间有着密切的联系。

7.1　一维周期性势场的晶格形变势

7.1.1　Kronig–Penney 模型

在固体物理中 Kronig–Penney 模型是非常重要的，关于晶体材料内电子态的某些基本结论可以根据这个模型直接得到或者推断得出。如允许的电子准连续能级形成能带，禁戒的能量间隔形成带隙，电子的能量 E 为电子波矢的周期和多值函数等。Kronig–Penney 模型建立在 Bloch 定理以及晶体周期性势场的简化基础上，在该模型之中，电子被限制在由相互间隔的势阱与势垒构成的一维周期性势场中运动。根据电子波函数的连续性（波函数的标准条件之一），得到了确定电子能量的超越方程。经过进一步的简化，该方程转化为如下简单的形式：

$$P\frac{\sin \alpha a}{\alpha a} + \cos \alpha a = \cos ka \qquad (7.1)$$

式中，P 为一个常数；a 为势场的周期；k 为电子波矢；α 与电子能量 E 相关，可表示为

$$\frac{2mE}{\hbar^2} = \alpha^2 \qquad (7.2)$$

将式（7.1）的左侧作为 αa 的函数，则该函数的曲线如图 7.1 所示。

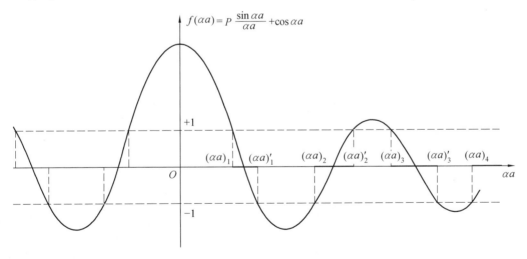

图 7.1　式（7.1）左侧的函数曲线

鉴于式（7.1）以及 $|\cos ka| \leqslant 1$ 的事实，αa 的取值不是任意的，其范围受到了如下不等式的限制：

$$\left| P\frac{\sin\alpha a}{\alpha a}+\cos\alpha a \right| \leqslant 1 \tag{7.3}$$

从图 7.1 可见，αa 的取值范围应该这样表达：

$$(\alpha a)_n \leqslant \alpha a \leqslant (\alpha a)'_n$$

式中，$n=1$，2，3，$\cdots$。

一系列数值符号 $(\alpha a)_n$ 和 $(\alpha a)'_n$ 均为常数，它们通过式（7.2）间接地表示能带的极值。

7.1.2 晶体的相对体积形变导致禁带宽度及特定能级的变化

基于 Kronig-Penney 模型，可以推知一维周期性势场的相对体积形变与电子能态禁带宽度 E_g（或者特定能级 E）的变化之间的关系。

$$\frac{2mE}{\eta^2}=\alpha^2$$

$$E=\frac{\eta^2\alpha^2}{2m}=\frac{\eta^2(\alpha a)^2}{2ma^2}$$

第 n 个禁带宽度 E_{gn} 为

$$E_{gn}=\frac{\eta^2}{2m}\cdot\left[(\alpha a)_{n+1}^2-(\alpha a)_n'^2\right]\cdot\frac{1}{a^2}$$

$$E_{gn}=\frac{\eta^2}{2m}\cdot\left[(\alpha a)_{n+1}^2-(\alpha a)_n'^2\right]\cdot V^{-\frac{2}{3}} \tag{7.4}$$

式中，$(\alpha a)_{n+1}$ 和 $(\alpha a)'_n$ 为定值；V 为单位晶胞体积，$V=a^3$。

$$\mathrm{d}E_{gn}=-\frac{2}{3}\cdot\frac{\eta^2}{2m}\cdot\left[(\alpha a)_{n+1}^2-(\alpha a)_n'^2\right]\cdot V^{-\frac{5}{3}}\cdot\mathrm{d}V$$

$$\mathrm{d}E_{gn}=-\frac{2}{3}\cdot\frac{\eta^2}{2m}\cdot\left[(\alpha a)_{n+1}^2-(\alpha a)_n'^2\right]\cdot V^{-\frac{2}{3}}\cdot\mathrm{d}V$$

$$\mathrm{d}E_{gn}=-\frac{2}{3}\cdot E_{gn}\cdot\frac{\mathrm{d}V}{V} \tag{7.5}$$

需要说明的是，通常所指的禁带为费米能级 E_F 在其中或者靠近的电子能量不连续区间，所对应的禁带宽度与相对体积形变之间的关系应为

$$\mathrm{d}E_g=-\frac{2}{3}\cdot E_g\cdot\frac{\mathrm{d}V}{V} \quad\text{或}\quad \Delta E_g=-\frac{2}{3}\cdot E_{g0}\cdot\frac{\Delta V}{V_0} \tag{7.6}$$

此外，某特定能级 E（包括导带底 E_c 和价带顶 E_v）与相对体积形变之间的关系应为

$$\mathrm{d}E = -\frac{2}{3} \cdot E \cdot \frac{\mathrm{d}V}{V} \quad \text{或} \quad \Delta E = -\frac{2}{3} \cdot E_0 \cdot \frac{\Delta V}{V_0} \tag{7.7}$$

式中，E_{g0} 为无体积形变时的禁带宽度；V_0 为单位晶胞体积；E_0 为某特定能级。

至此，基于上述推导过程，我们得到的结论是当一维周期性势场中发生体积形变时，即体积压缩（$\frac{\Delta V}{V_0} < 0$）或者体积膨胀（$\frac{\Delta V}{V_0} > 0$），则导带底 E_c、价带顶 E_v 或其他特定能级 E 将上升或者下降。对于体积膨胀的情况，E_c 和 E_v 将要下降（式（7.7）），而且 E_c 的下降幅度大于 E_v 的下降幅度（因 $E_c > E_v$），所以导致禁带宽度 E_g（$E_g = E_c - E_v$）收缩（此结论也可由式（7.6）得出）。此外，对于处在禁带中的某特定能级 E（$E_v < E < E_c$），这样介乎其间的能级将具有介乎其间的下降幅度。因此，在发生体积膨胀时，相对于该能级 E，价带顶 E_v 将上升而导带底 E_c 将下降。

上述基于 Kronig-Penney 模型的推导过程揭示了在晶体材料中 $\Delta E_g \left(\frac{\Delta V}{V_0} \right)$ 或 $\Delta E \left(\frac{\Delta V}{V_0} \right)$ 的线性特征，这与文献所给出的结论相符。

但是，对于现实中的晶体材料，电子共有化运动所处的势场环境是相当复杂的。电子能带结构很复杂，具有简并的特征且不止一个的极值，不同晶体材料能带结构差别很大而且极值位于布里渊区中的不同位置。鉴于现实晶体材料内势场环境和能带结构的复杂性和差异性，在关系式 $\Delta E_g \left(\frac{\Delta v}{v_0} \right)$ 或 $\Delta E \left(\frac{\Delta v}{v_0} \right)$ 中线性系数差异的存在是必然的。尽管存在这样的系数偏差，但由 Kronig-Penney 模型推得的线性关系结论还是可靠的。例如，Ge 和 GaAs 的禁带宽度与压强的关系分别为 $\frac{\mathrm{d}E_g}{\mathrm{d}p} = 5 \times 10^{-11}$ eV·(Pa)⁻¹ 和 $\frac{\mathrm{d}E_g}{\mathrm{d}p} = 9 \times 10^{-11}$ eV·(Pa)⁻¹。

Ge 和 GaAs 的压缩系数 $x = -\frac{\mathrm{d}V}{V} \cdot \frac{1}{\mathrm{d}p}$ 分别为 1.285×10^{-11} eV·(Pa)⁻¹ 和 1.326×10^{-11} eV·(Pa)⁻¹。

因此，能够得出禁带宽度与晶体体积形变的线性关系为

$$\Delta E_{g(\mathrm{Ge})} = -3.891 \times \frac{\Delta V}{V_0}$$

$$\Delta E_{g(\mathrm{GaAs})} = -6.787 \times \frac{\Delta V}{V_0}$$

纵声学波在半导体中的传播使晶格原子间距发生波动，结果是导带底 E_c 与价带顶 E_v 发生起伏，分别导致了电子和空穴的散射。

7.2 禁带宽度收缩及零声子电荷迁移能的变化

对于 Y$_2$O$_3$：Eu^{3+}体相材料，基质晶格 Y$_2$O$_3$ 具有立方结构，对应 $Ia3-(T_h^7)$ 空间群（NO.206），其禁带宽度为 4.5 eV。在布里渊区中价带顶位于由Γ至 H 的方向上，主要由 O2p 轨道电子态构成；导带底由位于Γ的单带构成，主要为 Y4d 电子态。较低浓度的替位式杂质 Eu^{3+}掺入 Y$_2$O$_3$基质晶格（摩尔分数低于 5%），因 Eu^{3+}掺杂造成的能带结构变化相当微小，只是部分 Eu^{3+}的 5s^2 和 5p^6 电子态并入导带和价带。在 Y$_2$O$_3$：Eu^{3+}发光材料发光中心的 CT 激发过程中，一个电子从配体 O^{2-}跃迁至中心 Eu^{3+}（Eu^{3+}-O^{2-}→ Eu^{2+}-O^{1-}），发光中心处于电荷迁移态 CTS。从能量的观点看，这个电子是从基质晶格的价带顶被激发至 Eu^{2+}的 ^{8}S$_{7/2}$ 能级。作为缺陷相关的束缚态，Eu^{2+}的 ^{8}S$_{7/2}$ 能级处于禁带。价带顶 E_v 与 Eu^{2+} 的 ^{8}S$_{7/2}$ 能级之间的能量差为发光中心的零声子电荷迁移能 E_{zp}（图 1.7），对于 Y$_2$O$_3$：Eu^{3+} 体材料，其值为 4.1 eV。

由 Y$_2$O$_3$：Eu^{3+}样品的 EXAFS 分析结果可见，当 Y$_2$O$_3$：Eu^{3+}材料尺寸下降至 9 nm 时，Y-O 平均键长从 2.34 Å 增加至 2.43 Å，而 Eu-O 平均键长从 2.35 Å 增加至 2.44 Å（Eu-O 和 Y-O 平均键长的相对增长基本一致，$\frac{2.44}{2.35}\approx\frac{2.43}{2.34}=1.038$）。平均键长的增加意味着 Y$_2O_3$：Eu^{3+}纳米发光材料的体积膨胀，尺寸为 9 nm 的 Y$_2$O$_3$：Eu^{3+}样品体积形变 $\frac{\Delta V}{V_0}$ 可以由键长数据计算：

$$\left(\frac{2.43}{2.34}\right)^3-1\approx 12\%$$

按照 Kronig-Penney 模型的推论，发生了体积形变的纳米 Y$_2$O$_3$：Eu^{3+}发光材料的禁带宽度将发生变化（对于体材料 Y$_2$O$_3$：Eu^{3+}，E_g =4.5 eV），尺寸为 9 nm 的 Y$_2$O$_3$：Eu^{3+}样品的禁带宽度的变化幅度为

$$\Delta E_g=-\frac{2}{3}\cdot E_g\cdot\frac{\Delta V}{V_0}=-0.36\ \text{eV} \tag{7.8}$$

根据密度函数理论的局部密度近似，徐永年进行了第一性原理计算，研究了 Y$_2$O$_3$ 晶体的电子学性质、结构以及光学特性。他得出 Y$_2$O$_3$ 晶体的禁带宽度随压强变化的关系为

$$\frac{\mathrm{d}E_g}{\mathrm{d}p}=1.2\times 10^{-11}\ \text{eV/Pa}$$

体积形变模量为

$$k = -\mathrm{d}P \cdot \frac{d_0}{\mathrm{d}V} = 183 \ \mathrm{GPa}$$

根据 9 nm 尺寸的 Y_2O_3：Eu^{3+}样品的体积形变（$\frac{\Delta V}{V_0} = 12\%$），计算得到禁带宽度的变化幅度为

$$\Delta E_\mathrm{g} = k \cdot \frac{\mathrm{d}E_\mathrm{g}}{\mathrm{d}p} \cdot \frac{\Delta V}{V_0} = -0.27 \ \mathrm{eV}$$

鉴于在 Kronig–Penney 模型中对实际晶体势场的近似以及密度函数理论的局部密度近似均会带来不可避免的偏差，这两种不同的计算方式得到了基本相符的结果。由这两种不同的计算方法得出的共同结论是：当 Y_2O_3：Eu^{3+}发光材料在纳米量级内尺寸下降时，禁带宽度随之下降，对于 9 nm 尺寸的 Y_2O_3：Eu^{3+}样品，禁带宽度的下降幅度为十分之几电子伏。

根据 Kronig–Penney 模型的推论，同样能够得出这样的结论：价带顶 E_v 与禁带中的 Eu^{2+} 的 $^8S_{7/2}$ 能级之间的能量差（零声子电荷迁移能 E_zp）随着 Y_2O_3：Eu^{3+}发光材料在纳米量级内的尺寸下降而变化。依照相关数据（Y_2O_3：Eu^{3+}体材料 $E_\mathrm{zp}=4.1$ eV），体积形变为 12%的 9 nm 尺寸 Y_2O_3：Eu^{3+}样品的零声子电荷迁移能的变化幅度为

$$\Delta E_\mathrm{zp} = -\frac{2}{3}k \cdot E_\mathrm{zp} \cdot \frac{\Delta V}{V_0} = -0.32 \ \mathrm{eV} \tag{7.9}$$

这个结果意味着零声子电荷迁移能的下降，下降幅度为十分之几电子伏。零声子电荷迁移能的下降意味着 CTS 抛物线在 CCD 中的下降，如图 7.2 中箭头 1 所示。

7.3　CT 激发对发光中心跃迁的影响

鉴于 Y_2O_3：Eu^{3+}纳米材料的结构因素（局部结构趋于无定形化）和尺寸因素（巨大的比表面积使发光中心趋近于材料表面），Y_2O_3：Eu^{3+}纳米材料发光中心的环境刚性弱于相应的体材料。因此，Y_2O_3：Eu^{3+}纳米材料中发光中心的 CTS 坐标偏差大于 Y_2O_3：Eu^{3+}体材料中的相应值。

假定 Y_2O_3：Eu^{3+}纳米发光材料与通常无定形发光材料的发光中心具有相当的环境刚性，则 CTS 坐标偏差的相对增量为

$$\chi = \frac{R_0'' - R_0'}{R_0' - R_0} \approx 10\%$$

CTS 坐标偏差的增大意味着 CTS 抛物线在 CCD 中的右移，如图 7.2 中箭头 2 所示。

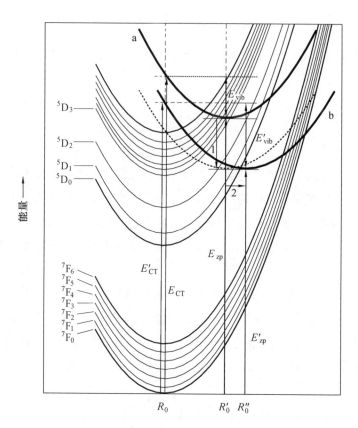

图 7.2   Y$_2$O$_3$：Eu^{3+}发光中心 CCD 中 CTS 的不同位置

a—体材料；b—纳米材料

如图 7.2 所示，在 Y$_2$O$_3$：Eu^{3+}体材料发光中心的 CT 激发过程中，发光中心被激发至某一特定的振动能级，振动能量与 CTS 坐标偏差直接相关：

$$E_{\text{vib}} = \left(S + \frac{1}{2} \right) \cdot \eta\omega = \frac{1}{2} K (R_0' - R_0)^2$$

正如本书研究所指出，发光中心 CTS 坐标偏差将随着 Y$_2$O$_3$：Eu^{3+}纳米尺寸的下降而增大。因此，Y$_2$O$_3$：Eu^{3+}纳米材料中的发光中心将被激发至更高的振动能级，振动能量

$$E_{\text{vib}}' = \left(S' + \frac{1}{2} \right) \cdot \eta\omega = \frac{1}{2} K (R_0'' - R_0)^2$$

将大于 Y$_2$O$_3$：Eu^{3+}体材料中的相应值。对于 Y$_2$O$_3$：Eu^{3+}体材料，振动能量为

$$\left(S+\frac{1}{2}\right)\cdot \eta\omega \approx 0.96 \text{ eV （波数为7 700 cm}^{-1})$$

根据 Y_2O_3：Eu^{3+} 纳米材料发光中心 CTS 坐标偏差的相对改变量（$\chi \approx 10\%$），振动能量的增加幅度可以表示为

$$\Delta E_{vib}=E'_{vib}-E_{vib}=[(1+\chi)^2-1]\left(S+\frac{1}{2}\right)\eta\omega \approx 0.20 \text{ eV} \quad (7.10)$$

因此可以得到结论：在 Y_2O_3：Eu^{3+} 纳米材料中，CT 激发使发光中心跃迁至更高的振动能级，振动能量的上升幅度为十分之几电子伏。

7.4　Y_2O_3：Eu^{3+}纳米材料发光中心电荷迁移能的变化

至此，已经对 Y_2O_3：Eu^{3+} 发光材料纳米化后发光中心零声子电荷迁移能 E_{zp} 以及 CT 激发中所获得的振动能的变化幅度进行了定量分析。一方面，随着 Y_2O_3：Eu^{3+} 材料纳米尺寸的下降，体积形变变得明显，导致零声子电荷迁移能的下降。另一方面，Y_2O_3：Eu^{3+} 材料纳米化后发光中心所处晶格环境的刚性降低，导致了 CTS 坐标偏差的增大，在 CT 激发时发光中心获得较高的振动能量。相比之下，发光中心零声子电荷迁移能的下降幅度（如 $\Delta E_{zp}\approx-0.32$ eV）大于振动能量的增加幅度（如$\Delta E_{vib}\approx 0.20$ eV）。因此，电荷迁移能 E_{CT} 即为零声子电荷迁移能 E_{zp} 与振动能 E_{vib} 的总和，将随 Y_2O_3：Eu^{3+} 材料纳米尺寸的下降而降低，相应的变化幅度可以表示为

$$\Delta E_{CT}=\Delta E_{zp}+\Delta E_{vib}\approx 0.12 \text{ eV} \quad (7.11)$$

因此得出结论：Y_2O_3：Eu^{3+} 材料的尺寸降为数纳米后，电荷迁移能的下降幅度为十分之几电子伏。电荷迁移能的下降导致 CT 激发光谱向低能端移动。

图 7.3 所示为以燃烧法制备的 3 种 Y_2O_3：Eu^{3+} 纳米样品的 XRD 谱图（甘氨酸与硝酸的摩尔比分别设为 2.4、1.0、0.6），各谱图基本对应于 Y_2O_3 的立方相结构。由谢乐公式算得各样品的尺寸依次为 90 nm、40 nm 和 9 nm。检测 611 nm 红光发射的各 Y_2O_3：Eu^{3+} 样品的 CT 激发光谱如图 7.4 所示。90 nm 样品对应的 CT 激发光谱峰位于 245 nm。样品尺寸降为 40 nm，峰位没有明显的红移。当样品尺寸降至 9 nm，电荷迁移激发谱峰移至 255 nm，其相应的能量偏移（0.19 eV）与本书研究中给出的结论基本一致。

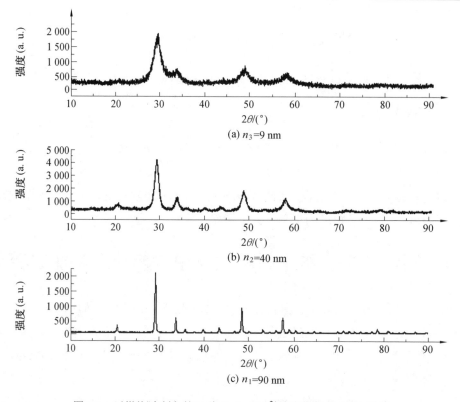

(a) $n_3=9$ nm

(b) $n_2=40$ nm

(c) $n_1=90$ nm

图 7.3   以燃烧法制备的 3 种 Y$_2$O$_3$：Eu^{3+}纳米样品的 XRD 谱图

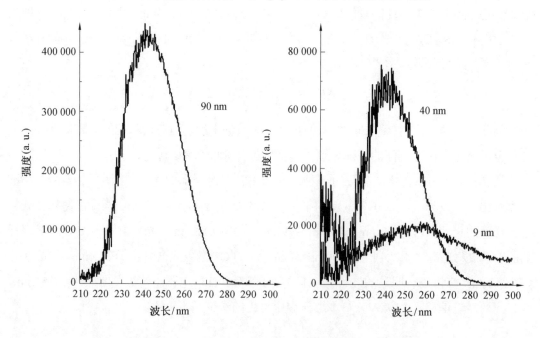

图 7.4   各 Y$_2$O$_3$：Eu^{3+}样品的 CT 激发光谱（检测 611 nm 红光发射）

（90 nm 样品的光谱比 40 nm 和 9 nm 样品的光谱强得多）

7.5　两种重要表面效应的微观机制

根据文献中所给出的结构数据，键长的增加是多种纳米发光材料所具备的一般结构特征。键长的增大意味着材料发生体积形变（膨胀），导致 Eu^{3+} 掺杂纳米发光材料禁带宽度以及零声子电荷迁移能的变化。另一方面，Eu^{3+} 掺杂纳米发光材料内局部紊乱程度的上升是另一个一般特征，导致发光中心环境刚性的下降。再者，随着发光材料纳米尺寸的下降，更多的发光中心趋近于材料表面，使发光中心的环境刚性进一步下降。这个事实不只适用于某种特定的纳米发光材料，而是适用于各种纳米发光材料。发光中心所处环境的刚性下降导致了 CTS 坐标偏差的增大，致使在 CT 激发过程中发光中心被激发至更高的振动能级。Eu^{3+} 掺杂发光材料纳米化后，发光中心零声子电荷迁移能的变化以及 CT 激发后发光中心所跃迁至振动能级的不同导致了电荷迁移能的变化，表现为 CT 激发光谱的移动。因此，在 Y_2O_3：Eu^{3+} 纳米发光材料的研究中对 CT 激发光谱红移机理的探讨具备一般性，同样适用于其他 Eu^{3+} 掺杂纳米发光材料。

Eu^{3+} 掺杂发光材料在纳米量级内的尺寸下降导致了发光中心零声子电荷迁移能的下降和 CTS 坐标偏差的增加，这在发光中心的 CCD 中体现为电荷迁移态 CTS 的移动。在前面的研究中我们已经指出了零声子电荷迁移能的下降和 CTS 坐标偏差的增加导致了 Eu^{3+} 掺杂纳米材料发光中心弛豫概率的上升，在弛豫过程中电荷迁移态能量转化为发光中心的振动能量而未能实现 Eu^{3+} 的激发，进而材料的发光效率下降。在本部分的研究中我们得出的结论是，Eu^{3+} 掺杂发光材料在纳米量级内的尺寸下降导致了零声子电荷迁移能的下降，而 CT 激发过程中发光中心被激发至更高的振动能级，所获得振动能量的增加源于 CTS 坐标偏差的增加。发光中心零声子电荷迁移能与振动能量不同的变化幅度导致了电荷迁移能的变化，使 CT 激发光谱发生红移。因此，我们得到结论，作为两种不同表现的表面效应，CT 激发下 Eu^{3+} 掺杂纳米材料发光效率的下降与其 CT 激发光谱的红移之间有着密切的联系，均相关于发光中心的 CCD 中 CTS 的移动，即零声子电荷迁移能的下降和 CTS 坐标偏差的增加。

7.6　本章小结

（1）依据晶体材料的禁带宽度或者特定能级随着材料体积形变而线性变化的规律，得出了 Y_2O_3：Eu^{3+} 发光材料的零声子电荷迁移能随着材料纳米尺寸下降而降低的结论。当材料的尺寸降为几纳米时，零声子电荷迁移能的下降幅度为十分之几电子伏。

（2）Y_2O_3：Eu^{3+} 发光材料纳米化之后发光中心环境刚性的下降导致发光中心 CTS 坐标偏差的增加，致使在 CT 激发过程中发光中心被激发至更高的振动能级，振动能量的增加幅度为十分之几电子伏。

（3）发光中心的电荷迁移能为零声子电荷迁移能与 CT 激发过程中发光中心所获得振动能量的总和。随着 Y$_2$O$_3$：Eu^{3+}发光材料在纳米量级内的尺寸下降，发光中心所获得振动能量的增加幅度小于零声子电荷迁移能的下降幅度，电荷迁移能由此下降，CT 激发光谱发生红移。

（4）CT 激发下 Eu^{3+}掺杂纳米发光材料发光效率的下降与 CT 激发光谱的红移之间有着密切的联系，这两种不同表现的表面效应均与零声子电荷迁移能的下降和 CTS 坐标偏差的增加直接相关。

第8章 低压阴极射线发光中荧光材料的高阻效应（未计入电子束穿透深度）

为了提高场发射显示性能，推动场发射显示（Field Emission Display，FED）的实用化，需要掌握抑制低压阴极射线发光饱和行为的技术方法。从原则上讲，抑制发光饱和行为的特定技术方法应基于发光饱和行为的特定机理。因此，研究低压阴极射线发光饱和行为的机理是首要的。在我们目前的工作中，基于深入的研究，客观地揭示了低压阴极射线发光的饱和行为的根源，对低压阴极射线发光的饱和行为获得了更加深入的理解。很明显，作为进一步实验研究的基础，低压阴极射线发光的饱和行为的机理研究是相当重要的。

8.1 激发功率的饱和行为

在低压阴极射线发光中，被栅压控制的电子束从阴极发射，被阴-阳极电压 U_0 加速后，轰击阳极表面的荧光层，荧光材料由此被电子束激发而发光。对于传统的阴极射线发光材料，电阻率 ρ 高达 10^9 $\Omega\cdot m$ 数量级。发光材料的高电阻率，将导致材料表面的电荷积累。依据物理学原理，在阴极射线入射过程中，随着荧光层外表面负电荷的积累，正电荷即相应的诱导电荷，将同时以同样的电量分布积累于荧光层的内表面（即阳极表面）。在稳定状态下，阴-阳极间的电流连续性需要得到维持。因此，高阻荧光层内将形成强电场 E 以确保推动电子流的通过。随着荧光层内外表面电荷面密度 σ 的上升，荧光层内电场 E 增强，相应的电流密度 j 增强（ $E = \rho \cdot j$ ）。这个过程持续到荧光层内的电流与阴极发射的电流一致为止。忽略电子束在荧光层内的轰击效应，稳态下可确定荧光层表面电荷面密度 σ 为

$$\sigma = \varepsilon_0 \varepsilon_r \cdot \rho \cdot j \tag{8.1}$$

式中， ε_0 和 ε_r 分别为真空介电常数和荧光材料的相对介电常数。

在低压阴极射线发光中，由于荧光材料的高电阻率，正负电荷在荧光材料内外表面的积累是不可避免的结果。另一方面，电荷在荧光材料表面的积累是在荧光层内形成强电场，推动高阻荧光层内电流，进而维持阴-阳极间电流连续性的必要条件。

设电子束在荧光层表面上具有一个单位的激发面积，则阴-阳极间的输入功率为

$$P_{\text{input}} = U_0 \cdot j$$

而电子束的加速电压（即阴极与荧光层间的电压）为

$$V_{\text{excite}} = U_0 - \rho \cdot d \cdot j$$

式中，d 为荧光层厚度。

电子束在荧光层上的激发功率为

$$P_{\text{excite}} = (U_0 - \rho \cdot d \cdot j) \cdot j = U_0 \cdot j - \rho \cdot d \cdot j^2 \tag{8.2}$$

可以看出，对于一定的阴-阳极间电压 U_0，激发功率 P_{excite} 作为电流密度 j 的函数，能够以抛物线来描绘，如图 8.1 所示。激发功率首先随 j 的增强近线性上升，然后趋于饱和直到达到峰值功率，再随 j 的进一步上升而下降。此外，激发功率在电流密度 $j = \dfrac{U_0}{2\rho d}$ 时达到峰值 $P_{\max} = \dfrac{U_0^2}{4\rho d}$，此时阴-阳电压 U_0 的一半降在荧光层上。对应峰值激发功率的特定电流密度阈值 $j_{\text{th}} = \dfrac{U_0}{2\rho d}$ 为关键参数，通过实际电流密度 j 与该参数的对比，可以断定激发功率的非线性程度。需要说明的是，阈值电流密度 $j_{\text{th}} = \dfrac{U_0}{2\rho d}$ 具有相对较大的数值，一般而言，实际电流密度 j 不会过大，$j < j_{\text{th}}$。因此，实际情况是随着 j 的上升激发功率 P_{excite} 趋于饱和。

很明显，激发功率 P_{excite} 的饱和行为意味着输入功率 P_{input}（图 8.1）的损失，而损失的部分为荧光材料高阻性引起的热损耗功率 $\rho \cdot d \cdot j^2$。激发功率的饱和行为导致荧光层内一系列效应的发生，最终导致阴极射线发光的饱和行为。

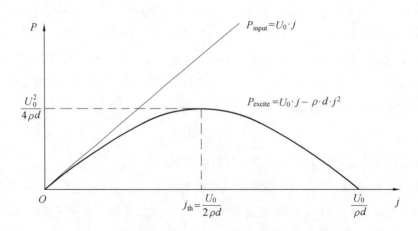

图 8.1 激发功率 P_{excite} 与输入功率 P_{input} 为 j 的函数

8.2　e-h 对产生率的饱和行为

在荧光层的激发过程中，一个入射电子在荧光层内将不断被散射直到其动能耗尽。在其路径上产生 e-h 对，产生的 e-h 对在荧光层内扩散，在复合中心复合，或者传递其能量激发处于基态的发光中心。产生一个 e-h 对的平均能量为 $\beta_g \cdot E_g$，其中，E_g 为荧光材料的禁带宽度；β_g 的数值为 2.7～5，视具体材料而定。因此，e-h 对的产生率，即单位时间产生的 e-h 对数，应该为

$$g_{num} = \frac{P_{excite}}{\beta_g \cdot E_g} = \frac{(U_0 - \rho \cdot d \cdot j) \cdot j}{\beta_g \cdot E_g} \tag{8.3}$$

既然 g_{num} 正比于 P_{excite}，随着 j 的上升，激发功率 P_{excite} 趋于饱和，将直接导致 e-h 对产生率 g_{num} 趋于饱和。

8.3　e-h 对产生区域宽度及 e-h 对浓度产生率的变化

依据相关文献，入射电子在材料内的平均穿透深度 x 取决于下式：

$$-\frac{dE_x}{dx} = \frac{2\pi N Z e^4}{E_x} \ln \frac{E_x}{E_i} \tag{8.4a}$$

$$x = a \cdot (E_0^2 - E_x^2) \tag{8.4b}$$

式中，E_x 为当材料内射入深度为 x 时的电子动能；N 为原子数；Z 为原子序数；e 为电子电量；E_0 为电子的初动能；a 为常数。

可见，电子的穿透深度正比于初始动能的平方（$x = a \cdot E_0^2$）。经过阴极与荧光层间的加速过程，激发荧光层的电子初始动能为

$$E_0 = (U_0 - \rho \cdot d \cdot j) \cdot e$$

式中，e 为电子电荷。

穿透深度可以表示为

$$x = a \cdot E_0^2 = a \cdot e^2 \cdot (U_0 - \rho \cdot d \cdot j)^2 \tag{8.5}$$

实际上，电子的穿透深度 x 为荧光层表面以下 e-h 对产生区域的厚度。随着 j 的上升，E_0 将下降，进而穿透深度 x 下降。这意味着 e-h 对产生区域随着 j 的上升而收缩。如果激发功率 P_{excite} 不出现饱和行为，则电子的穿透深度 x 则为常数，不随 j 而变化。

既然随着 j 的上升，e-h 对产生率 g_{num} 将上升而穿透深度 x 将下降，e-h 对的浓度产生率 g_{con}（即单位时间在单位体积中 e-h 对的产生数量）如式（8.6）所示，将随 j 的上升而上升。

$$g_{con} = \frac{g_{num}}{x} = \frac{j}{a \cdot e^2 \cdot \beta_g \cdot E_g (V_0 - \rho \cdot d \cdot j)} \qquad (8.6)$$

$$\frac{dg_{con}}{dj} = \frac{j}{a \cdot e^2 \cdot \beta_g \cdot E_g (V_0 - \rho \cdot d \cdot j)^2} \qquad (8.7)$$

由式（8.7）可见，随着 j 的上升，g_{con} 将超线性地上升。如果激发功率 P_{excite} 不出现饱和行为，则 e-h 对的浓度产生率 g_{con} 将随 j 线性变化。

8.4　e-h 对激发发光中心概率下降的变化

在电子束的激发下，荧光层内 e-h 对的浓度 n_1 及激发态发光中心的浓度 n_2 如下：

$$\frac{dn_1}{dt} = g_{con} - n_1 \cdot \alpha - n_1 \cdot \beta \cdot (N - n_2) \qquad (8.8a)$$

$$\frac{dn_2}{dt} = n_1 \cdot \beta \cdot (N - n_2) - \gamma \cdot n_2 - \alpha_{act} \cdot n_2 \qquad (8.8b)$$

式中，N 为发光中心的浓度；α 为 e-h 对在复合中心的复合速率；β 为 e-h 对向基态发光中心能量传递的速率常数；γ 和 α_{act} 分别为激发态发光中心的辐射跃迁速率与非辐射跃迁速率。

荧光材料发光中心激发过程的物理描述如图 8.2 所示。

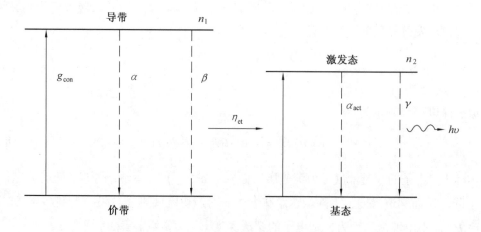

图 8.2　荧光材料发光中心激发过程的物理描述

在稳定情况下，$\dfrac{dn_1}{dt}=0$，$\dfrac{dn_2}{dt}=0$。解式（8.8a）和（8.8b），可求得 e-h 对的稳定浓度以及激发态发光中心浓度为

$$n_1 = \frac{(\beta\cdot g_{con}-\alpha\cdot\gamma_0-\beta\cdot N\cdot\gamma_0)+[(\beta\cdot g_{con}-\alpha\cdot\gamma_0-\beta\cdot N\cdot\gamma_0)^2+4\alpha\cdot\beta\cdot\gamma_0\cdot g_{con}]^{\frac{1}{2}}}{2\alpha\cdot\beta} \quad (8.9a)$$

$$n_2 = \frac{n_1\cdot\beta\cdot N}{\gamma_0+n_1\cdot\beta} \quad (8.9b)$$

式中，γ_0 为激发态发光中心的跃迁速率，$\gamma_0=\gamma+\alpha_{act}$。

由式（8.9a）和式（8.9b）可见，n_1 随 g_{con} 而上升，n_2 随 n_1 而上升（$\lim\limits_{g_{con}\to\infty} n_1 = \dfrac{g_{con}}{\alpha}=\infty$，$\lim\limits_{n_1\to\infty} n_2 = N$）。

因此，电流密度 j 的上升导致 g_{con} 的上升（见式（8.7）），进而导致 n_1 与 n_2 的上升。

阴极射线发光中产生的 e-h 对将最终复合。一个 e-h 对可以以复合速率 α 在复合中心复合，或者以能量传递速率 $\beta\cdot(N-n_2)$ 去激发一个基态发光中心。因此，e-h 对激发发光中心的概率为

$$\eta_{et} = \frac{\beta\cdot(N-n_2)}{\alpha+\beta\cdot(N-n_2)} \quad (8.10)$$

随着电流密度 j 的上升，基态发光中心的浓度 $N-n_2$ 将下降（因 n_2 上升），导致 η_{et} 的下降。一般而言，复合速率 α 被视为一个常数，取决于发光材料。然而，如上文指出，e-h 对产生区域宽度（X）将随电流密度 j 的上升而收缩。这表明产生的 e-h 对将更加趋近于荧光材料表面，因而 e-h 对有更大的概率在荧光材料的表面复合中心被复合。结果，α 将随 j 的上升而增大，这是导致 η_{et} 下降的另一个原因（式（8.10））。鉴于这两方面的原因，e-h 对激发发光中心的概率 η_{et} 将随 j 的增加而下降。如果激发功率 P_{excite} 不出现饱和行为，则 g_{con} 将随着 j 而线性变化，导致 n_2 的缓慢上升，而 η_{et} 将具有更小的下降幅度。

8.5　激发态发光中心辐射跃迁概率的变化

如前文所述，激发功率 P_{excite} 的饱和行为意味着输入功率 P_{input} 的损失，损失部分为荧光材料高阻性引起的热损耗功率 $\rho\cdot d\cdot j^2$，是随着 j 的增加而上升的。同时，e-h 对激发发光中心的概率 η_{et} 的下降意味着激发功率 P_{excite} 的损失，这与发射声子相关，导致荧光层进一步的温度升高。结果，发光中心非辐射跃迁概率 α_{act} 将因温度的上升而增大。而发光中心非辐射跃迁同样属于与发射声子相关的激发功率 P_{excite} 损失过程，致使荧光层温度进一步上升，发光中心非辐射跃迁概率 α_{act} 进一步增大。

如上文所述，e-h 对产生区域宽度 X 随 j 增加而下降。因而产生的 e-h 对更加趋近于荧光层表面，使得荧光层表面附近的发光中心有更大的概率被激发（尽管产生的 e-h 对将向荧光层内部扩散）。这表明激发态发光中心的分布将更加趋近于荧光层表面，使得荧光层的表面态在激发态发光中心的非辐射跃迁中起更大作用，因而 α_{act} 不再是常数，将进一步增大。

鉴于这两方面的原因，激发态发光中心的辐射跃迁概率（式（8.11））将随 j 的上升而下降。

$$\eta_{rad} = \frac{\gamma}{\gamma + \alpha_{act}} \tag{8.11}$$

如果激发功率 P_{excite} 不出现饱和行为，则 α_{act} 将随 j 的增加缓慢增大，使 η_{rad} 缓慢下降。

8.6 低压阴极射线发光中荧光材料的高阻效应

相对于输入功率 $P_{input} = U_0 \cdot j$，输出功率（即阴极射线发光中的光通量）为

$$P_{output} = g_{num} \cdot \eta_{et} \cdot \eta_{rad} \cdot h\upsilon = (U_0 - \rho \cdot d \cdot j) \cdot j \cdot \frac{h\upsilon}{\beta_g \cdot E_g} \cdot \frac{\beta \cdot (N - n_2)}{\alpha + \beta \cdot (N - n_2)} \cdot \frac{\gamma}{\gamma + \alpha_{act}} \tag{8.12}$$

式中，$h\upsilon$ 为阴极射线发光中的光子能量。

至此，上文基于全面的分析揭示了低压阴极射线发光的饱和行为机理。随着电流密度 j 的上升，激发功率 P_{excite} 趋于饱和，导致 e-h 对产生率 g_{num} 趋于饱和。对于产生的 e-h 对，其激发发光中心的概率 η_{et} 随着 j 的上升而下降。对于激发态发光中心，其辐射跃迁概率 η_{rad} 随着 j 的上升而下降。鉴于这几方面的因素，低压阴极射线发光的饱和行为是自然的结果。

很明显，当阴-阳极间电压 U_0 较高而电流密度 j 较小时，峰值激发功率对应的电流密度阈值 $j_{th} = \dfrac{U_0}{2\rho d}$ 将较高而 j 将远小于 j_{th}，因而激发功率 P_{excite} 的饱和行为不明显（图8.1），这正是 CRT 的实际情况。相反，当阴-阳极间电压 U_0 较低而电流密度 j 较高时，峰值激发功率对应的电流密度阈值 $j_{th} = \dfrac{U_0}{2\rho d}$ 将较低而 j 将不再远小于 j_{th}，因而激发功率 P_{excite} 的饱和行为将显现，这正是 FED 的实际情况。

如果荧光材料的电阻率 ρ 得到大幅下降，即便阴-阳极间电压 U_0 保持较低，峰值激发功率对应的电流密度阈值 $j_{th} = \dfrac{U_0}{2\rho d}$ 仍可以被提升至较高值。需要说明，阴极射线发光的荧光层厚度 d 不可过小，即荧光层需要有足够的厚度，以免被电子束穿透（电子束的穿透深度随 j 的减小而增加）。因此，荧光材料的高电阻率是低压阴极射线发光饱和行为的根源，而降低荧光材料的电阻率是抑制激发功率的饱和行为，进而抑制低压阴极射线发光饱和行

为的根本方法。

8.7　本章小结

在低压阴极射线发光中，涉及的物理过程主要有几个环节：入射电子束激发荧光材料基质产生电子-空穴对；电子-空穴对将能量传递给发光中心；发光中心辐射发光。这几个环节均随电流密度的上升而发生变化，导致低压阴极射线发光的饱和行为，现总结如下：

（1）由于荧光材料的高电阻率，低压阴极射线发光的激发功率随着激发电流密度的上升而趋于饱和。

（2）激发功率的饱和行为直接导致电子-空穴对数量产生率的饱和行为。

（3）随着激发电流密度的上升，激发功率的饱和行为导致电子-空穴对浓度产生率的迅速上升以及电子-空穴向发光中心能量传递概率的下降。

（4）激发态发光中心的辐射跃迁概率将随着电流密度的上升而下降。

鉴于上述因素，具有高电阻率的荧光材料的低压阴极射线发光饱和行为是不可避免的现象。

第9章　低压阴极射线发光中荧光材料的高阻效应（计入电子束穿透深度）

在第 3 章研究的基础上，进一步考虑到在一定的阴-阳极间电压下，当入射电子束流密度变化时，电子束在荧光层内穿透深度的变化，以及电荷在荧光层内的积累情况等。计入电子束穿透深度随入射电子束流密度的变化以及电荷的积累更加符合实际情况，由此得出的研究结论更具客观性。

9.1　低压阴极射线发光中荧光层内的相关物理机制

在低压阴极射线发光中，由栅压控制的电子束流从阴极发射并被阴-阳极间电压 U_0 加速，激发阳极表面的荧光层而发光。入射电子在荧光层中不断被散射，直到动能耗尽为止。起初，从阴极射向荧光层的电子束流强于荧光层内向阳极输运的电子流，导致电子在荧光层外表面以下得到积累（考虑到电子射入荧光层）。依据物理学原理，随着负电荷在荧光层外表面以下的积累，正电荷，即同样数量的诱导电荷，将同时在荧光层内表面（即阳极表面）积累。随着正、负电荷的积累，荧光层内建立起电场，推动荧光层内向阳极输运的电子流。正、负电荷的积累过程，即荧光层内的电场建立过程，持续到使荧光层内的电流与入射电子束流一致为止，由此实现电流连续性。依据固体物理学理论，荧光层内积累的负电荷被束缚于荧光材料内的定域能级，成为空间电荷，如图 9.1 所示。

在低压阴极射线发光中，涉及 3 个典型的电压，具有如下关系，$U_0 = U_{\text{acc}} + U_{\text{phosphor}}$，其中 U_0 为阴-阳极间电压，U_{acc} 为阴极与荧光层间的电子加速电压，U_{phosphor} 为荧光层上的电压。为便于理论研究，假设入射电子束在荧光层上具有一个单位的激发面积，则阴极射线发光的输入功率为 $P_{\text{input}} = U_0 \cdot j$，荧光层上的激发功率为 $P_{\text{excite}} = U_{\text{acc}} \cdot j$，其中 j 为电流密度。依据相关文献，入射电子在荧光层内的平均穿透深度 $\bar{X}$ 可由下式确定：

$$-\frac{\mathrm{d}E_x}{\mathrm{d}x} = \frac{2\pi N Z e^4}{E_x} \ln \frac{E_x}{E_i} \tag{9.1}$$

式中，E_x 为当电子射入深度为 x 时的动能。经简化与计算，$\overline{X} = a \cdot E_0^2$，其中 E_0 为电子射入材料前的初动能，a 为由材料决定的常数。在低压阴极射线发光中，经过阴极与荧光层之间的加速过程，激发荧光层的电子所获得的初动能为 $E_0 = U_{\text{acc}} \cdot e$，其中 e 为电子电荷。对于荧光层内大量随机散射的入射电子，平均穿透深度为

$$\overline{X} = a \cdot E_0^2 = a \cdot U_{\text{acc}}^2 \cdot e^2 \tag{9.2}$$

设低压阴极射线发光中荧光层的位置坐标为从 $x=0$ 到 $x = x_d$，x_d 为荧光层的厚度，如图 9.1 所示。

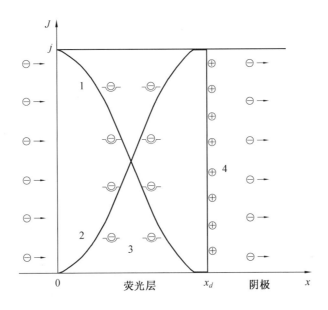

图 9.1 电流密度分布与电荷积累示意图

1—$J_{\text{incident}}(x)$；2—$J_{\text{promote}}(x)$；3—空间电荷；4—诱导电荷

鉴于入射电子穿透深度分布的随机性（具有平均值 $\overline{X}$），其入射电流密度为 $J_{\text{incident}}(x)$，即荧光层内动能被耗尽前的入射电子组成的电子电流密度，将随 x 的增加而由 j 逐渐降为 0（图 9.1），且 $J_{\text{incident}}(x)$ 的下降趋势与入射电子束穿透深度分布趋势吻合。入射电流密度 $J_{\text{incident}}(x)$ 对 x 的积分应为

$$\int_0^{x_d} J_{\text{incident}}(x) \cdot \mathrm{d}x = \overline{X} \cdot j \tag{9.3}$$

在稳定情况下，满足电流连续性。因此，在荧光层内，随着 $J_{\text{incident}}(x)$ 的下降，另一种电流成分，即电场推动的传导电流将上升，以满足电流连续性，有

$$j = J_{\text{incident}}(x) + J_{\text{promote}}(x)$$

式中，$J_{\text{promote}}(x)$ 为荧光层内电场推动的传导电流密度，如图 9.1 所示。基于式（9.3），可得到传导电流密度 $J_{\text{promote}}(x)$ 对 x 的积分应为

$$\int_0^{x_d} J_{\text{promote}}(x) \cdot \mathrm{d}x = (x_d - \overline{X}) \cdot j \tag{9.4}$$

荧光层内的电场强度 $E(x)$ 由空间电荷的密度分布 $Q(x)$ 决定：

$$E(x) = \frac{1}{\varepsilon_0 \varepsilon_r} \int_0^x Q(x) \cdot \mathrm{d}x$$

式中，ε_0 及 ε_r 分别为真空介电常数与荧光材料的相对介电常数。同时，$E(x)$ 能够由传导电流密度 $J_{\text{promote}}(x)$ 以及荧光材料的电导率 $\sigma(x)$ 求得，有如下关系：

$$E(x) = \frac{1}{\sigma(x)} \cdot j_{\text{promote}}(x) \tag{9.5}$$

从理论上说，在入射电子束激发下的荧光材料，其电导率 $\sigma(x)$ 将因 e-h 对的产生而得到微小的提高。忽略这一微小变化，基于式（9.4），可以给出荧光层上的电压 U_{phosphor} 为

$$U_{\text{phosphor}} = \int_0^{x_d} \frac{1}{\sigma(x)} \cdot J_{\text{promote}}(x) \cdot \mathrm{d}x = \frac{1}{\sigma} \cdot (x_d - \overline{X}) \cdot j \tag{9.6}$$

上述讨论中忽略了荧光层内电场强度 $E(x)$ 对入射电流密度 $J_{\text{incident}}(x)$ 的影响。

在低压阴极射线发光中，在入射电子束的激发下（能量输入），荧光层内产生 e-h 对（具有产生率 $g_{\text{e-h}}$）。产生的 e-h 对将激发基态发光中心（具有能量传递概率 η_{et}）或者在复合中心被复合。激发态的发光中心发生辐射跃迁（具有辐射跃迁概率 η_{rad}）或者以非辐射跃迁的形式将能量传递给晶格。低压阴极射线发光的输出功率（即输出的光通量）为

$$P_{\text{output}} = g_{\text{e-h}} \cdot \eta_{\text{et}} \cdot \eta_{\text{rad}} \cdot h\upsilon \tag{9.7}$$

式中，$h\upsilon$ 为阴极射线发光的光子能量。

9.2　荧光材料导电性对电子束平均穿透深度及激发功率的影响

基于式（9.2），阴-阳极间电压与电子加速电压的差值 $U_0 - U_{\text{acc}}$，作为 $\overline{X}$ 的函数，可以将其描绘为抛物线，如图 9.2 所示。基于式（9.6），荧光层上的电压 U_{phosphor} 线性依赖于 $\overline{X}$，如图 9.2 所示。鉴于 3 个典型电压的相关性（$U_0 - U_{\text{acc}} = U_{\text{phosphor}}$），电子束的平均穿透深度与电子束流密度的制约关系 $X(j)$ 在图 9.2 中得到了体现。在图 9.2 中，两曲线交点的横坐标将随 j 而变化，即对于一定的阴-阳极间电压 U_0，在 j 从 0 升至其上限 $\dfrac{U_0 \cdot \sigma}{x_d}$（$\theta$ 从 0 增到

$\arctan \dfrac{U_0}{x_d}$ ）的过程中，平均穿透深度 $X(j)$ 将从其上限 $a \cdot V_0^2 \cdot e^2$ 降至 0。从另一方面来看，

在图 9.2 中，两曲线交点的横坐标也将随 σ 而变化；当荧光材料的电导率 σ 升高时（θ 减小），平均穿透深度 $X(j)$ 将上升。当 σ 相当高（θ 趋于 0）时，$X(j)$ 将趋于恒定值 $a \cdot U_0^2 \cdot e^2$，与 j 无关。因此，如果荧光材料的导电性得到提升，电子束的平均穿透深度将趋于稳定在最高值。

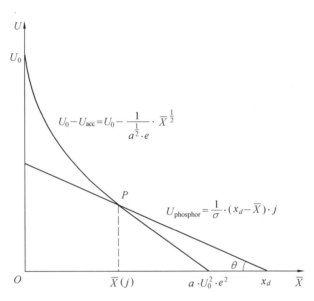

图 9.2　电压差值 $U_0 - U_{\mathrm{acc}}$ 及荧光层电压降 U_{phosphor} 对 $\overline{X}$ 的依赖关系

基于式（9.2）和式（9.6），以及定量关系 $U_0 = U_{\mathrm{acc}} + U_{\mathrm{phosphor}}$，$P_{\mathrm{excite}} = U_{\mathrm{acc}} \cdot j$，可求得低压阴极射线发光的激发功率 P_{excite} 为

$$P_{\mathrm{excite}} = \frac{\sigma - \sqrt{\sigma^2 + 4a \cdot e^2 (x_d \cdot j - U_0 \cdot \sigma) \cdot j}}{2a \cdot e^2} \tag{9.8}$$

在阴极射线发光中，激发功率 P_{excite} 及输入功率 P_{input} 作为电流密度 j 的函数，如图 9.3 所示。可见，在一定的阴-阳极间电压 U_0 下，激发功率 P_{excite} 先随 j 的增加而近线性地上升，再趋于饱和而达到峰值激发功率，后随 j 的近一步增加而下降，可以求得当 $j = \dfrac{U_0}{2x_d} \cdot \sigma$ 时，激发功率达到峰值：

$$P_{\mathrm{excite}}^{\max} = \frac{1 - \sqrt{1 - \dfrac{a \cdot e^2 \cdot U_0^2}{x_d}}}{2a \cdot e^2} \cdot \sigma$$

峰值激发功率所对应的特定电流密度阈值 $j_{\mathrm{th}} = \dfrac{U_0}{2x_d} \cdot \sigma$ 为关键参数，在低压阴极射线发

光中，实际电流密度 j 相对小于 j_{th}。因此，随着 j 的增加，激发功率将趋于饱和（非线性变化）。将实际电流密度 j 与电流密度阈值 j_{th} 相对比（比值），可以确定激发功率的饱和程度（非线性程度）。

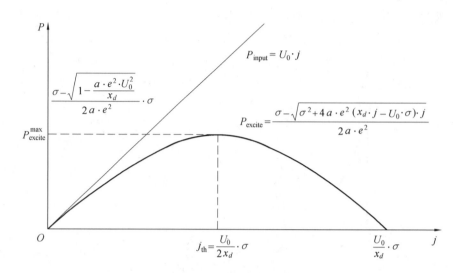

图 9.3 激发功率 P_{excite} 与输入功率 P_{input} 的函数

很明显，当阴-阳极间电压 U_0 较高而电流密度 j 较小时，峰值激发功率对应的电流密度阈值 j_{th} 将较高而 j 将远小于 j_{th}，因而激发功率的饱和行为不明显（图 9.3）。这是 CRT 实际情况。相反，当阴-阳极间电压 U_0 较低而电流密度 j 较高时，峰值激发功率对应的电流密度阈值 j_{th} 将较低而 j 将不再远小于 j_{th}，因而激发功率的饱和行为将显现。这是 FED 的实际情况。激发功率 P_{excite} 的饱和行为意味着输入功率 P_{input} 的损耗，损耗的部分为源于荧光材料高阻性的热功率。

由图 9.3 可见，电流密度阈值 j_{th} 与峰值激发功率 $P_{\text{excite}}^{\text{max}}$ 为决定阴极射线发光中激发功率 $P_{\text{excite}}(j)$ 动态特性的关键参数。这两个参数越大，P_{excite} 的线性范围就越大。可以看出，降低荧光层的厚度 x_d 可以提升这两个关键参数（j_{th} 与 $P_{\text{excite}}^{\text{max}}$），使激发功率的饱和行为得到一定程度的抑制。但荧光层的厚度 x_d 应有限且不宜过小，因为厚度 x_d 应充分大于 $a \cdot V_0^2 \cdot e^2$（此值为荧光层内电子束平均穿透深度 $\bar{X}$ 的上限）。需要注意的是，两个关键参数 j_{th} 与 $P_{\text{excite}}^{\text{max}}$ 均正比于荧光材料的电导率 σ。对于阴极射线发光的典型荧光材料，电导率很低，在 $10^{-6} \sim 10^{-9}$ S/cm 数量级。因此，这些荧光材料具有高阻性。如果荧光材料的导电性得到较大幅度的提升，即便阴-阳极间电压 U_0 保持在较低值，两个关键参数 j_{th} 与 $P_{\text{excite}}^{\text{max}}$ 仍将成比例地提升至相对较高的数值。在这种情况下，激发功率 $P_{\text{excite}}(j)$ 的线性区域将得到扩展，$P_{\text{excite}}(j)$ 与 P_{input} 的差值（热功率）缩小，表明激发功率的饱和行为将受到抑制。

9.3　荧光材料导电性对低压阴极射线发光性能的影响

在低压阴极射线发光中，荧光层内产生一个 e–h 对所需的平均能量为

$$\overline{E} = \beta_g \cdot E_g$$

式中，E_g 为荧光材料的禁带宽度；β_g 的取值为 2.7～5，取决于荧光材料。

因此，荧光层内 e–h 对的产生率为

$$g_{e-h} = \frac{P_{excite}}{\beta_g \cdot E_g} \tag{9.9}$$

既然 e–h 对产生率 g_{e-h} 正比于激发功率 P_{excite}，那么 P_{excite} 的饱和行为将直接导致 g_{e-h} 的饱和行为。

在低压阴极射线发光中，入射电子的平均穿透深度 $\overline{X}$ 可以视作荧光层表面以下被激发区域的厚度。既然随着 j 的增加，P_{excite} 上升而 $\overline{X}$ 下降，则激发强度 I_{excite}，即被激发区域中单位体积内的激发功率（见式（9.10）），将随着 j 的增加而迅速上升。

$$I_{excite} = \frac{P_{excite}}{\overline{X}} \tag{9.10}$$

随着 j 的增加，激发强度 I_{excite} 迅速上升，发光中心将因此趋于基态耗尽，即荧光层中被激发区域内绝大部分的发光中心将处于激发态。在这样的情况下，被激发区域内 e–h 对的密度相当高而基态发光中心的密度相当低，导致 e–h 对激发发光中心的能量传递概率 η_{et} 下降。如果荧光材料的导电性得到提高，则随着 j 的增加，入射电子的平均穿透深度 $\overline{X}$ 将趋于保持在最大值 $a \cdot V_0^2 \cdot e^2$。这样，即便荧光材料导电性的提高使激发功率 P_{excite} 随着 j 的增加而具有更大的上升幅度（P_{excite} 的饱和行为得到抑制），激发强度 I_{excite} 的迅速上升仍将得到抑制，使得基态耗尽的趋势得到缓解，e–h 对激发发光中心的能量传递概率 η_{et} 下降幅度减小。

在低压阴极射线发光中，激发功率 P_{excite} 的饱和行为意味着输入功率 P_{input} 的损耗，损耗部分为源于荧光材料高阻性的热功率，导致荧光层的温度升高。同时，e–h 对激发发光中心的能量传递概率 η_{et} 的下降表明 e–h 对在复合中心非辐射复合概率的上升，也意味着激发功率 P_{excite} 的损耗，导致荧光层温度的进一步上升。因此，激发态发光中心的辐射跃迁概率 η_{rad} 因温度的上升而下降。而发光中心的非辐射跃迁同样属于激发功率 P_{excite} 的损失，导致温度的更进一步上升，使得 η_{rad} 更进一步下降。如果荧光材料的导电性得以提高，则在 j 的上升过程中，激发功率 P_{excite} 的饱和行为将得到抑制，e–h 对激发发光中心的能量传递概率 η_{et} 的下降将得到抑制，进而荧光层温度的上升幅度减小，激发态发光中心的辐射跃

迁概率 η_{rad} 的下降将得到抑制。

至此已经揭示了荧光材料导电性影响低压阴极射线发光性能的物理机制。首先,随着 j 的上升,激发功率 P_{excite} 趋于饱和,导致 e-h 对产生率 g_{e-h} 趋于饱和。其次,随着 j 的上升,产生的 e-h 对激发基态发光中心的能量传递概率 η_{et} 趋于下降。最后,随着 j 的上升,激发态的发光中心辐射跃迁概率 η_{rad} 趋于下降。鉴于这三方面的因素,低压阴极射线发光的饱和行为将是不可避免的结果(见式(9.7))。如果荧光材料的导电性得以提高,则在 j 的上升过程中,e-h 对产生率 g_{e-h} 的饱和趋势、e-h 对激发基态发光中心的能量传递概率 η_{et} 的下降趋势,以及激发态发光中心辐射跃迁概率 η_{rad} 的下降趋势均将得到抑制。由此,低压阴极射线发光的性能将得到改善。

9.4 本章小结

在进一步的研究中,基于更全面深入的分析,客观地揭示了荧光材料导电性影响低压阴极射线发光性能的物理本质。计入了荧光层内电子束平均穿透深度、入射电流密度、电场推动的本征电流密度、电荷积累、电场分布等在荧光层中的分布以及荧光层电压降随电子束流密度的变化规律,得出的研究结论更符合客观实际。

在低压阴极射线发光中,随着激发电流密度的上升,电子-空穴对的产生率趋于饱和。同时,电子-空穴对向基态发光中心的能量传递概率将随着电子束流密度的上升而下降。再者,激发态发光中心的辐射跃迁概率将随着激发电流密度的上升而下降。而最终的结论依然是荧光材料的高电阻率是导致低压阴极射线发光饱和行为的根本原因,改善荧光材料导电性是抑制低压阴极射线发光饱和行为的根本方法。

第10章 改善荧光材料导电性抑制低压阴极射线发光的饱和行为

在低压阴极射线发光饱和行为的机理研究中,已经明确揭示出低压阴极射线发光饱和行为源于荧光材料的高阻性。在此前提下的后续实验研究中,将依据复合导电材料电渗理论,力图将合适的独立导电成分引入到典型 CRT 适用荧光材料中,使导电成分与荧光材料相结合,凭借导电成分构建导电网络实现导电性的改善,抑制低压阴极射线发光饱和行为以适应 FED 的工作要求。

这一探索具有重要的现实意义,原因如下。

(1)FED 与 CRT 具有相同的发光机理,即阴极射线发光,且 CRT 的适用荧光材料已相当成熟,性能优越,因此 CRT 的适用荧光材料自然成为 FED 的首选。

(2)发展 FED 专用新型荧光材料面临难以克服的困难,原因在于荧光材料的发光性能与其固有的导电性能无法兼顾。

(3)复合导电材料的电渗理论可以作为实验研究的依据和基础,可以凭借导电成分在荧光材料内构建导电网络实现导电性的改善。

10.1 在荧光材料内引入导电成分对低压阴极射线发光性的影响

在荧光材料内引入导电成分,在抑制低压阴极射线发光饱和行为的同时,也将对低压阴极射线发光带来一定的负面影响。导电成分的引入将直接导致荧光材料发光效率的下降,原因是:阴极射线发光中入射电子动能可能被作为异质成分的导电成分所消耗,同时导电成分影响光辐射。荧光材料发光效率 $\eta_{phosphor}$ 与阴极射线发光中电-光转换效率 $\eta_{cathodo}$ 的关系如下:

$$\eta_{cathodo} = \frac{P_{excite}}{P_{input}} \cdot \eta_{phosphor} \tag{10.1}$$

低压阴极射线发光的饱和行为意味着电-光转换效率 $\eta_{cathodo}$ 随电流密度 j 的上升而下降,而低压阴极射线发光的饱和行为得到抑制意味着在 j 的上升过程中 $\eta_{cathodo}$ 趋于恒定。

基于式（10.1）可以推断，低压阴极射线发光中，在电流密度 j 较低而不致呈现出发光饱和行为时，引入导电成分对电-光转换效率 $\eta_{cathodo}$ 产生不良的影响，此影响源于导电成分的引入对荧光材料发光效率 $\eta_{phosphor}$ 的损减。而 j 较高时，改善的荧光材料导电性使低压阴极射线发光饱和行为得到抑制成为主导的效应，使电-光转换效率 $\eta_{cathodo}$ 得到提升。

10.2　在荧光材料内引入传统导电成分的初步尝试

为了研究在荧光材料内引入导电成分对低压阴极射线发光产生的一般性影响，实验中选取传统导电成分引入典型的荧光材料，展开低压阴极射线发光实验。在可能选择的导电成分中，In$_2$O$_3$ 为一种宽带系半导体材料（E_g=3.6 eV），具有较高电导（ρ =～10^{-3} Ω·m），可以作为一种有效的导电成分，且其作为导电成分的引入过程与荧光材料制备过程可能实现很好的兼容。研究中，选取典型的阴极射线荧光材料 Y$_2$O$_3$∶Eu^{3+}，在溶胶-凝胶过程中，借助异丙醇铟（In[OCH(CH$_3$)$_2$]$_3$）的水解，将微米量级 Y$_2$O$_3$∶Eu^{3+}荧光材料附着以氧化铟（In$_2$O$_3$）导电成分，制得掺杂 In$_2$O$_3$ 的 Y$_2$O$_3$∶Eu^{3+}荧光材料。

实验研究表明，掺杂 In$_2$O$_3$ 的 Y$_2$O$_3$∶Eu^{3+}荧光材料的电阻率随着 In$_2$O$_3$ 质量分数（0%，1%，2%，3%，4%，5%）的增大而下降，如图 10.1 所示。在 In$_2$O$_3$ 质量分数达到约 4%之前电阻率的下降比较迅速，而超过约 4%后电阻率的下降变得缓慢，表明当 In$_2$O$_3$ 质量分数达到约 4%时导电网络在荧光材料内开始形成。

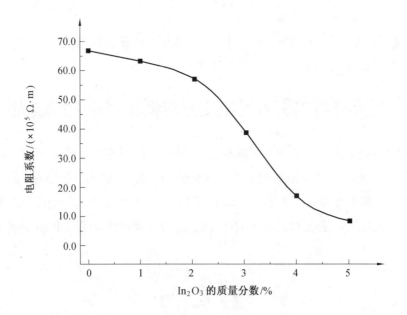

图 10.1　掺杂 In$_2$O$_3$ 的 Y$_2$O$_3$∶Eu^{3+}荧光材料的电阻率与 In$_2$O$_3$ 质量分数的关系

图 10.2 所示为掺杂 In_2O_3 的 Y_2O_3:Eu^{3+}荧光材料的低压阴极射线发光谱图。在低压阴极射线发光的典型电压（2 kV）和较大的电子束流密度（80 $\mu A/cm^2$）激发下，发光强度随荧光材料内 In_2O_3 质量分数的上升而上升（比较 In_2O_3 质量分数为 0%、1%、2%、3%时的光谱强度）。这表明低压阴极射线发光中电-光转换效率 $\eta_{cathodo}$ 随导电性的改善而提升，发光饱和行为将因此而得到抑制。然而，当 In_2O_3 导电成分含量超过某一限度，尽管此时的荧光材料导电性进一步提升，低压阴极射线发光的电-光转换效率 $\eta_{cathodo}$ 却反而下降（见 In_2O_3 质量分数为 4%时的光谱强度），分析原因可知，此时荧光材料发光效率 $\eta_{phosphor}$ 下降幅度过大。

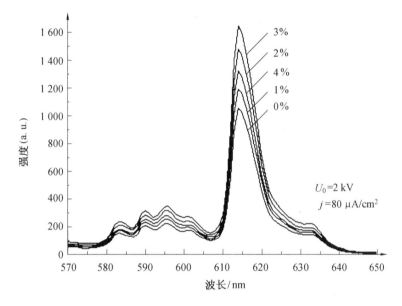

图 10.2 不同 In_2O_3 质量分数的掺杂 In_2O_3 的 Y_2O_3：Eu^{3+}荧光材料的发射光谱

至此可以明确，荧光材料的电阻率随着导电成分含量的上升而下降，但可能在荧光材料的电阻率充分下降之前，导电成分对荧光材料的固有发光性能带来的负面影响已经很显著（$\eta_{phosphor}$ 的下降）。例如，当 In_2O_3 质量分数增加至 4%时，掺杂 In_2O_3 的 Y_2O_3：Eu^{3+}荧光材料的电阻率的下降幅度不是很大（从 6.64×10^6 $\Omega\cdot m$ 降至 1.70×10^6 $\Omega\cdot m$），而尚未得到明显提升的电-光转换效率 $\eta_{cathodo}$（以光谱强度体现）却已经开始下降，如图 10.3 所示。

为了改善荧光材料导电性并抑制低压阴极射线发光的饱和行为，研究 In_2O_3 成分在荧光材料表面的分布情况。基于扫描电子显微镜观察，可见在掺杂 In_2O_3 的 Y_2O_3：Eu^{3+}荧光材料的表面，In_2O_3 成分并不构成连续的导电网络，而是在荧光材料表面形成岛状分布。类似的实验表征可参考相关文献，均表明 In_2O_3 成分将在荧光材料表面收敛聚集为岛状分布。依据复合材料电渗理论，在复合材料内，导电成分形成导电通道而导电通道构成三维导电网络，以此使得复合材料的导电性得以提升。然而，在掺杂 In_2O_3 的 Y_2O_3：Eu^{3+}荧光材料内，In_2O_3 成分以岛状分布聚集在荧光材料表面，从构建导电网络的观点来看，这样的形貌不宜于形成导电通道，而为了实现导电性的充分提高，需要很高的 In$_2$O$_3$ 导电成分引入量，这将大幅度降低荧光材料的固有发光性能。

图 10.3　In$_2$O$_3$导电成分附着于荧光材料表面的 SEM 图片

　　由此可见，以导电成分引入荧光材料以抑制低压阴极射线发光的饱和行为，关键在于以尽量低的导电成分引入量实现荧光材料导电性的明显改善。

10.3　本章小结

　　随着引入 Y$_2$O$_3$：Eu^{3+}荧光材料的 In$_2$O$_3$ 导电成分的增加，荧光材料的电阻率逐渐下降。在稳定的阴-阳极电压以及不同的电流密度下，进行了含有不同 In$_2$O$_3$ 质量分数的 Y$_2$O$_3$：Eu^{3+}荧光材料的阴极射线发光强度测量。在提高导电成分含量进而降低荧光材料电阻率后，低压阴极射线发光效率趋于恒定数值，使得低压阴极射线发光饱和行为得到有效的抑制。

　　在荧光材料内引入导电成分，在抑制低压阴极射线发光饱和行为的同时，也将对低压阴极射线发光带来一定的负面影响。导电成分的引入将直接导致荧光材料发光效率的下降，原因是阴极射线发光中入射电子动能可能被作为异质成分的导电成分所消耗，同时导电成分影响光辐射。以导电成分引入荧光材料以抑制低压阴极射线发光的饱和行为，关键在于以尽量低的导电成分引入量实现荧光材料导电性的明显改善。

第11章　以氧化铟/铜纳米线合作导电成分改善荧光材料导电性

为了以尽量少的导电成分引入量实现荧光材料必要幅度的导电性改善，以更有效地抑制低压阴极射线发光饱和行为，将氧化铟（In_2O_3）和铜纳米线（Cu NWs）作为合作导电成分同时引入荧光材料中。在构建导电网络时，In_2O_3 与 Cu NWs 起到不同的作用；Cu NWs 因其巨大长径比的一维形貌而倾向于作为传输电荷的导电通道；而 In_2O_3 因其在荧光材料表面形成岛状分布的附着而倾向于作为毗邻 Cu NWs 间的导电连通。同时，In_2O_3 也为 Cu NWs 在荧光材料表面的附着起到了重要作用。由于 In_2O_3/Cu NWs 纳米线之间的合作效应，以较低的导电成分引入量实现了荧光材料导电性较大幅度的改善，因此使低压阴极射线发光的饱和行为受到了有效的抑制。

11.1　以合作导电成分改善荧光材料导电性

为了以尽量少的导电成分使荧光材料导电性得到较大幅度的改善，在溶胶-凝胶法制备 Y_2O_3：Eu^{3+} 荧光材料的过程中，尝试将 In_2O_3 与 Cu NWs 同时引入 Y_2O_3：Eu^{3+} 荧光材料中，合成掺杂 Cu NWs/ In_2O_3 的 Y_2O_3：Eu^{3+} 荧光材料。巨大长径比的一维形貌将使 Cu NWs 起到良好的电荷传输作用。纳米线在荧光材料内虽然呈现随机分布，但其方向具有沿着电场的分量。因此，从电荷传输的观点来看，Cu NWs 的一维形貌具有明显的优点，又加之相对较高的稳定性，可以作为主导的导电成分引入荧光材料中。

在复合导电材料中，如果导电成分之间不发生合作效应，则每种导电成分各自独立地发挥其导电作用。当引入导电成分 A 与 B，实现复合导电材料的电阻率 ρ 而 A 与 B 之间不发生合作效应时，A 与 B 各自的质量分数 φ_A 与 φ_B 应满足线性混合规则，即

$$\frac{\varphi_A}{\varphi_A(\rho)} + \frac{\varphi_B}{\varphi_B(\rho)} = 1 \tag{11.1}$$

式中，$\varphi_A(\rho)$ 与 $\varphi_B(\rho)$ 分别为单独填充 A 或 B 实现复合导电材料的电阻率 ρ 时 A 与 B 各自的质量分数。

基于实验可以确定，对于实现复合导电材料的电阻率$\rho_0=1.0\times10^6$ Ω·m，In$_2$O$_3$在掺杂In$_2$O$_3$的Y$_2$O$_3$：Eu^{3+}荧光材料内的质量分数为$\varphi_{In_2O_3}(\rho_0)=3.92\%$，而Cu NWs在掺杂Cu NWs的Y$_2O_3$：Eu^{3+}荧光材料内的质量分数为$\varphi_{Cu}(\rho_0)=0.74\%$，如图11.1（a）和（d）所示。设在掺杂Cu NWs/In$_2$O$_3$的Y$_2$O$_3$：Eu^{3+}荧光材料中，In$_2$O$_3$与Cu NWs的质量分数比为

$$\frac{\varphi_{Cu}}{\varphi_{In_2O_3}}=6:1$$

且不发生合作效应($\rho_0=1.0\times10^6$ Ω·m)，则可依据线性混合规则（式（11.1））求得In$_2$O$_3$与Cu NWs各自的质量分数为$\varphi_{In_2O_3}=2.08\%$，$\varphi_{Cu}=0.35\%$，而总质量分数为$\varphi_{In_2O_3}+\varphi_{Cu}=2.43\%$。然而，实验数据表明In$_2O_3$与Cu NWs的总质量分数为$\varphi_{In_2O_3}+\varphi_{Cu}=2.27\%$，相比于依据线性混合规则的计算结果，实验数据较低，如图11.1（b）所示。设In$_2$O$_3$与Cu NWs的质量分数比为

$$\frac{\varphi_{Cu}}{\varphi_{In_2O_3}}=4:1$$

且不发生合作效应（$\rho_0=1.0\times10^6$ Ω·m），依据线性混合规则可求得In$_2$O$_3$与Cu NWs各自的质量分数为$\varphi_{In_2O_3}=1.69\%$和$\varphi_{Cu}=0.42\%$，而总质量分数为$\varphi_{In_2O_3}+\varphi_{Cu}=2.11\%$。然而，实验数据表明In$_2O_3$与Cu NWs的总质量分数为$\varphi_{In_2O_3}+\varphi_{Cu}=1.25\%$，相比于依据线性混合规则的计算结果，实验数据更低，如图11.1（c）所示。实验数据与计算结果的偏差表明，在改善荧光材料导电性方面In$_2$O$_3$与Cu NWs之间存在合作效应。对于实现一定的复合材料导电性改善幅度，因合作效应而使必要的总导电成分引入量降低。

对于在改善荧光材料导电性方面，In$_2$O$_3$与Cu NWs之间存在合作导电效应的机理，可以给出充分的解释。在荧光材料内，In$_2$O$_3$与Cu NWs在构建导电网络方面分别起到不同的作用。Cu NWs因其巨大长径比的一维形貌而倾向于作为传输电荷的导电通道（>40），而In$_2$O$_3$的岛状凝聚和附着更倾向于构成毗邻Cu NWs间的导电连通。以这种方式，导电网络在荧光材料内形成。由于In$_2$O$_3$/Cu NWs之间的合作导电效应，对于一定的复合材料导电性改善幅度，必要的导电成分总引入量降低。

对比图11.1（a）与（d）可见，对于实现一定幅度的荧光材料导电性改善，Cu NWs在掺杂Cu NWs的Y$_2$O$_3$：Eu^{3+}荧光材料内的质量分数要比In$_2$O$_3$在掺杂In$_2$O$_3$的Y$_2$O$_3$：Eu^{3+}荧光材料内的质量分数小得多，这是由于在电荷传输性能上Cu NWs比In$_2$O$_3$优越得多。然而，Cu NWs不能作为单一导电成分而引入荧光材料中，因为Cu NWs与荧光材料的结合很弱而不适于阴极射线发光的工作条件，而In$_2$O$_3$的引入量过小也会影响掺杂Cu NWs/In$_2$O$_3$的Y$_2$O$_3$：Eu^{3+}荧光材料中Cu NWs与荧光材料的结合。但掺杂Cu NWs的Y$_2$O$_3$：Eu^{3+}依然适合于导电性测量以确定Cu NWs作为主导导电成分的有效性。因此，In$_2$O$_3$导电

成分在掺杂 Cu NWs/In$_2$O$_3$ 的 Y$_2$O$_3$：Eu^{3+}荧光材料内起到另一个作用，即形成 Cu 纳米线与荧光材料的结合，这是 In$_2$O$_3$ 与 Cu NWs 之间的另一个合作效应。

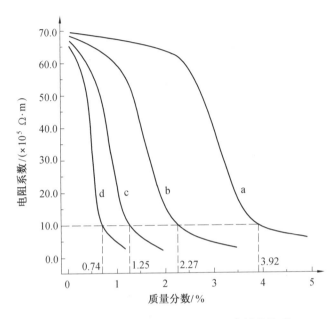

图 11.1　荧光材料导电性与导电成分含量的关系

a—掺杂 In$_2$O$_3$ 的 Y$_2$O$_3$：Eu^{3+}；　b—掺杂 Cu NWs/In$_2$O$_3$ 的 Y$_2$O$_3$：Eu^{3+}（质量分数比 6：1）；
c—掺杂 Cu NWs/In$_2$O$_3$ 的 Y$_2$O$_3$：Eu^{3+}（质量分数比 4：1）；d—掺杂 Cu NWs 的 Y$_2$O$_3$：Eu^{3+}

11.2　以合作导电成分改善低压阴极射线的发光饱和行为

为了以尽量少的导电成分引入量实现荧光材料必要幅度的导电性改善，以更有效地抑制低压阴极射线发光饱和行为，将 In$_2$O$_3$ 与 Cu NWs 同时引入荧光材料中。鉴于 In$_2$O$_3$/Cu NWs 之间构建导电网络的合作效应，将在导电成分总引入量一定情况下实现较大幅度的导电性提升或者在实现一定的导电性提升幅度情况下降低导电成分总引入量。

图 11.2 所示为掺杂 Cu NWs/In$_2$O$_3$ 的 Y$_2$O$_3$：Eu^{3+}荧光材料在低压阴极射线发光中的发射光谱。随着 Cu 纳米线的引入比率在导电成分中的上升，荧光材料的发光强度得以提高。对于一定的导电成分引入量（2%，质量分数），当 $\dfrac{\varphi_{Cu}}{\varphi_{In_2O_3}}$ 比率设为 1：6、1：4 和 1：3 时，荧光材料的发光强度依次提高为原来的 1.53 倍、2.00 倍和 2.57 倍。因此，通过在荧光材料内引入合作导电成分并调整合作导电成分的引入比率，荧光材料在低压阴极射线发光中的发光强度可以得到最大限度的提高。

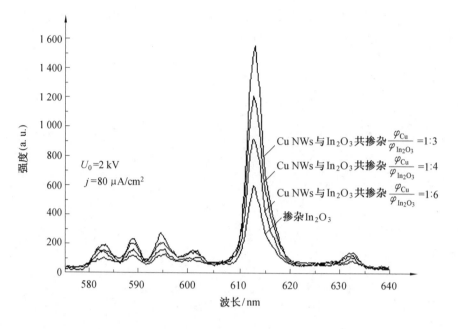

图 11.2 不同导电成分引入比情况下荧光材料的发射光谱（导电成分总引入量为 2%）

11.3 本章小结

低压阴极射线发光的饱和行为根源于荧光材料的绝缘性。为了提高荧光材料的导电性以改善低压阴极射线发光，同时引入 In$_2$O$_3$ 和 Cu NWs 以合成掺染 Cu NWs/In$_2$O$_3$ 的 Y$_2$O$_3$ ：Eu^{3+}荧光材料。由于 Cu NWs/In$_2$O$_3$ 导电成分之间的合作效应，荧光材料的导电性得到了较大幅度的提高，进而较大幅度地改善了低压阴极射线的发光性能。对于固定的导电成分引入量 2%，当 Cu NWs/In$_2$O$_3$ 的引入比率 $\dfrac{\varphi_{Cu}}{\varphi_{In_2O_3}}$ 分别为 1：6，1：4 和 1：3 时，阴极射线发光强度提升至原来的 1.53 倍、2.00 倍和 2.57 倍。这表明，在荧光材料内引入合适的合作导电成分并调整合作导电成分的引入比，能够使低压阴极射线发光性能得到明显的改善。

第 12 章　在荧光材料中引入碳纳米管抑制低压阴极射线发光的饱和行为

以合适工艺将微量多壁 CNT 作为奇异导电成分引入低压阴极射线发光的荧光材料中。在低压阴极射线发光的特定工作条件下，在引入 CNT 的荧光材料中形成场增强效应，CNT 顶部的局域电场将明显强于荧光材料内的背景电场。场增强效应将对荧光材料内的电子输运起到关键作用，其中 CNT 将作为电子传输的导电通道。这等效于改善荧光材料材质的导电性，使得低压阴极射线发光的饱和行为得到有效抑制。随着低压阴极射线发光中阴-阳极间电流密度上升，荧光材料内 CNT 顶部的局域电场得到加强和扩展，促进荧光材料中电子的输运。可见，在低压阴极射线发光的特定工作条件下，引入 CNT 的荧光材料具有良好的动态特性。鉴于低压阴极射线发光饱和行为得到有效抑制以及奇异的抑制机理（电荷传输机理），引入 CNT 的荧光材料作为得以改进的功能材料，在低压阴极射线发光中具有实用性。

12.1　引入碳纳米管的荧光材料的独特性能

依据复合导电材料的电渗理论，一种合适的导电填料作为独立的导电成分，可以被引入复合物基质材料中以提高基质材料的导电性。复合导电材料的电渗理论表明，当导电成分的引入量达到电渗阈值时，三维导电网络开始在基质材料内形成而复合导电材料的导电性开始迅速上升。对于三维导电网络，其主导的形成机制在于导电成分之间的物理接触，而当导电成分的尺寸达到微纳米量级时，场增强效应以及量子隧道效应将对导电网络的形成起到一定的作用。

与传统导电成分相比，CNT 有相当独特的性质。因此，可以预期引入 CNT 的荧光材料将具有独特的性能。CNT 可以认为是圆筒形的石墨烯，其直径在纳米量级，长度在微米量级，具有巨大长径比的一维形貌（约 10^3）。CNT 可以分为单壁 CNT 和多壁 CNT，其具有非凡的机械强度、极高的化学稳定性、极高的熔点和极高的电导率（约 10^3 S/cm）。单壁 CNT 具有单层结构，而多壁 CNT 具有多层结构。

基于复合导电材料的电渗理论，荧光材料的导电性可以得到改善以抑制低压阴极射线发光的饱和行为。在实验中，采用多壁 CNT 以及 $Y_{1.9}Eu_{0.1}O_3$ 典型荧光材料合成掺杂 CNT 的 $Y_{1.9}Eu_{0.1}O_3$。如图 12.1 所示，掺杂 CNT 的 $Y_{1.9}Eu_{0.1}O_3$ 的导电性与导电成分 CNT 引入量的关系与普通复合导电材料类似，而 CNT 的电渗阈值却低得多（$P_{th} \approx 1.5\%$），比传统导电成分（如 In_2O_3）至少低一个数量级。很明显，鉴于图 12.1 给出的关系，当 CNT 的引入量低于电渗阈值（约 1.5%）时，掺杂 CNT 的 $Y_{1.9}Eu_{0.1}O_3$ 的导电性不会得到明显改善。然而，作为一种杂质成分引入荧光材料中，尽管低压阴极射线发光的饱和行为得到有效抑制，达到电渗阈值（约 1.5 %）时的 CNT 引入量势必影响荧光材料的发光性能。

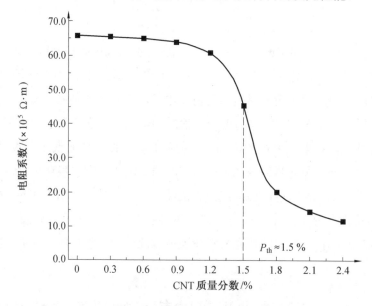

图 12.1　多壁 CNT 引入的 $Y_{1.9}Eu_{0.1}O_3$ 荧光材料电阻率-CNT 质量分数关系

然而在低压阴极射线发光实验中，掺杂 CNT 的 $Y_{1.9}Eu_{0.1}O_3$ 荧光材料表现出优良的性能。在典型工作电压（$U_0 = 2$ kV）下，得到不同电流密度 j 时的低压阴极射线发光的积分强度（CL，光谱面积）。基于分立的实验数据，描绘出不同 CNT 引入量（0‰，1‰，2‰，3‰，4‰）的掺杂 CNT 的 $Y_{1.9}Eu_{0.1}O_3$ 荧光材料的 CL-j 关系曲线，如图 12.2 所示。本质上，低压阴极射线发光的积分强度代表着输出的光通量 P_{output}。在恒定的工作电压 U_0 下，低压阴极射线发光的效率（f）正比于积分强度与电流密度的比（$f \propto CL/j$）。因此，在 CL-j 关系的线性区域内(从 $j=0$ 开始的)，低压阴极射线发光的效率 f 趋于恒定。如图 12.2 所示，随着 CNT 引入量在 $Y_{1.9}Eu_{0.1}O_3$ 荧光材料内的增加（0‰～4‰），CL-j 关系的线性区域得到扩展，其线性程度也相应提高。由此证明，在荧光材料内引入一定量的 CNT 导电成分，低压阴极射线发光的饱和行为得到了有效抑制。

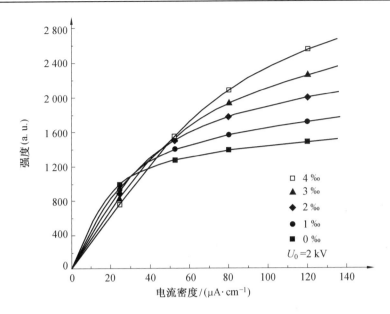

图 12.2　不同 CNT 引入量的掺杂 CNT 的 $Y_{1.9}Eu_{0.1}O_3$ 荧光材料的阴极射线发光强度-电流密度关系

需要说明的是，在上述实验中，当低压阴极射线发光的饱和行为得到有效抑制时，CNT 导电成分在 $Y_{1.9}Eu_{0.1}O_3$ 荧光材料内的引入量（0‰～4‰）比其电渗阈值（约 1.5%）低得多，由 CNT 之间物理接触而构成的导电网络未能形成，此时传统意义的荧光材料导电性并没有得到明显提高。因此，一定有新的机制主导着掺杂 CNT 的 $Y_{1.9}Eu_{0.1}O_3$ 荧光材料的低压阴极射线发光性能。

12.2　引入碳纳米管的荧光材料内的场增强效应

当 CNT 在荧光材料内的引入量低于电渗阈值（约 1.5%）时，由 CNT 之间物理接触而构成的导电网络未能形成，此时传统意义的荧光材料导电性依然较低，可以认为绝大部分的 CNT 孤立地分布在荧光材料内。虽然在荧光材料内 CNT 的方向应该是随机分布的，但是每一个 CNT 的方向应该有一个平行于电场的分量。在荧光材料内，在电场作用下，每个 CNT 的两个顶端处将激发出极强的局域电场，形成场增强效应。荧光材料内 CNT 两端的场增强效应对荧光材料的性能产生重要影响，极大地提高了低压阴极射线发光的性能。

在此，为了阐明场增强效应而引入类比的讨论。当某 CNT（长度为 l_0，半径为 ρ_0）平行处于充电电容器的两极板间的电场 $E_{background}$ 之中，并且此 CNT 竖立在负极板上，则依据电磁场理论，此 CNT 周围的电势分布为

$$u(\rho,l) = E_{background} \cdot l - \frac{E_{background} \cdot l_0}{N_0(k\rho_0) \cdot [e^{kl_0} - e^{k(2d-l_0)}]} N_0(k\rho) \cdot [e^{kl} - e^{k(2d-l)}] \quad (12.1)$$

式中，d 为极板间距；在柱坐标中，ρ 为径向坐标（在 CNT 的轴心处 $\rho=0$）；l 为轴向坐标（CNT 的始端处 $l=0$）；$k=0.89/n\rho_0$，$n\rho_0$ 为场增强效应消失处的最小径向距离。

基于式（12.1），可以给出 CNT 周围电场 $E(\rho,l)$ 的分布，$E(\rho,l)$ 的径向和轴向分量分别为

$$E_\rho = -\frac{\partial}{\partial\rho}u(\rho,l) = E_{\text{background}}\cdot\left\{kl_0\cdot\frac{N_0(k\rho)\cdot[\mathrm{e}^{kl}+\mathrm{e}^{k(2d-l)}]}{N_0(k\rho_0)\cdot[\mathrm{e}^{kl_0}-\mathrm{e}^{k(2d-l_0)}]}-1\right\} \quad (12.2a)$$

$$E_l = -\frac{\partial}{\partial l}u(\rho,l) = E_{\text{background}}\cdot\left\{kl_0\cdot\frac{N_1(k\rho)\cdot[\mathrm{e}^{kl}+\mathrm{e}^{k(2d-l)}]}{N_0(k\rho_0)\cdot[\mathrm{e}^{kl_0}-\mathrm{e}^{k(2d-l_0)}]}\right\} \quad (12.2b)$$

CNT 的半径 ρ_0 在纳米量级而长度 l_0 在微米量级，由此可以定量地推断 CNT 顶端（$\rho\to\rho_0$，$l\to l_0$）的局域电场将非常强而场增强效应非常明显。这里涉及场增强因子，将其定义为

$$\beta = \frac{E_{\text{local}}}{E_{\text{background}}} \quad (12.3)$$

对 CNT 来说，β 相当高，在 CNT 的顶端可以达到约 10^3 数量级。靠近顶端处，局域电场趋向于垂直 CNT 的表面；离开顶端，场增强效应逐渐减弱而局域电场趋于平行于背景电场。此外，当背景电场增强时，CNT 顶端的局域电场将随之显著增强，局域电场也随之扩展。

上述的讨论结果可以反映低压阴极射线发光中引入 CNT 的荧光材料内的情况。在荧光材料的背景电场 $E(x)$ 中，CNT 因其高电导性质而成为等势体，增强的局域电场分布在 CNT 的顶端附近。在荧光材料内，作为等势体的一个 CNT 是电子的势阱，其相应的势阱深度为

$$\phi' = \phi_0 - x'$$

式中，ϕ_0 为 CNT 的功函数，$\phi_0 = E_0 - E_F$（4.6 eV），其中 E_0 为真空能级，E_F 为 CNT 的费米能级；x' 为荧光材料的电子亲和能。

如图 12.3 所示，在荧光材料内，CNT 的始端附近（即 CNT 朝向阴极的顶端附近），增强的局域电场是背离 CNT 表面的。当荧光材料的导带内有一个电子并处于 CNT 增强的局域电场中（CNT-荧光材料界面位于 $x=0$；荧光材料位于 $x>0$ 区域），其能量为

$$E_c(x) = \phi_0 - x' + qE_{\text{local}}\cdot x \quad (12.4)$$

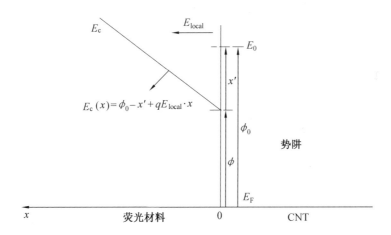

图12.3　CNT始端的CNT-荧光材料界面附近电子的势场分布

在此，增强的局域电场 E_{local} 简化为定值。可以看出，在 CNT 的始端附近，电子会被增强的局域电场所俘获并落入势阱之中（CNT）。另一方面，如图 12.4 所示，在荧光材料内，在 CNT 的终端附近（即 CNT 朝向阳极的顶端附近），增强的局域电场是朝向 CNT 的表面的。

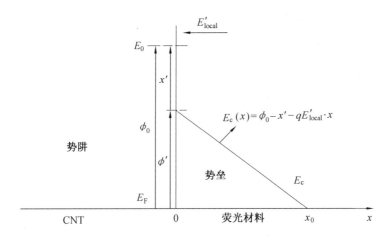

图12.4　位于CNT终端的CNT-荧光材料界面上的电子势垒

处于 CNT 增强的局域电场中荧光材料的导带内的一个电子（CNT-荧光材料界面位于 $x=0$；荧光材料位于 $x>0$ 区域）的能量为

$$E_{\text{c}}(x) = \phi_0 - x' - qE'_{\text{local}} \cdot x \qquad (12.5)$$

在此，增强的局域电场 E'_{local} 简化为定值。这意味着在 CNT-荧光材料界面处形成了势垒，其宽度 x_0 受局域电场 E'_{local} 控制。鉴于场增强效应，处于势阱之中的电子（CNT）可能因量子隧道效应而跃出势阱，进而进入荧光材料内。依据相关文献报道，CNT 具有独特的场发射特性。

12.3　场增强效应在抑制低压阴极射线发光中的关键作用

第 9 章的讨论内容及式（9.6）表明，若进入荧光材料的入射电子或者其接力电子在荧光材料内进入得更深，即，若 $\overline{X}$ 以某种途径得到提高，则荧光材料上的电压 $U_{phosphor}$ 以及电压随电流密度 j 的变化幅度将同时下降，与改善荧光材料的电导率 σ 具有相同的效果。因此低压阴极射线发光的饱和行为可以得到抑制。

在低压阴极射线发光中，在引入 CNT 的荧光材料内部，场增强效应在电子输运中起到重要作用。这其中，CNT 作为电子输运的通道，当一个入射电子射入荧光材料时，激发大量的 e–h 对（数量为 $U_{acc} \cdot \dfrac{e}{\beta_g \cdot E_g}$）。入射电子或激发的电子（作为接力电子）将被 CNT 始端周围增强的局域电场俘获，输运到 CNT 的终端，然后在场发射过程中跃过势垒进入荧光材料。在此过程中，CNT 在背景电场方向的长度分量是电子输运的有效距离。作为宏观效应，入射电子或其接力电子被输运到荧光材料内部，荧光材料上的电压 $U_{phosphor}$ 以及电压随电流密度 j 的变化幅度同时下降，低压阴极射线发光的饱和行为得到了抑制。在低压阴极射线发光中，与没有引入 CNT 的荧光材料相比，由于场增强效应在电子输运中所起的作用，引入 CNT 的荧光材料中的背景电场 $E(x)$ 将相应下降，而电场的分布也将更趋向于阳极，荧光材料上的电压降 $U_{phosphor}$（式（9.6））由此下降。

需要说明的是，在低压阴极射线发光中，引入 CNT 的荧光材料具有优良的动态特性。随着电流密度 j 的上升，荧光材料中的背景电场 $E(x)$ 将相应上升，荧光材料内 CNT 始端和终端周围的局域电场显著增强，其分布区域也得到扩展。因而，入射电子或其接力电子将更容易被 CNT 始端周围的局域电场所俘获，同时，势阱（CNT）中的电子也将更容易在 CNT 的终端穿越势垒，原因是势垒的宽度 x_0 将因局域电场的增强而下降。这意味着当电流密度增强时，场增强效应将更显著，电子在荧光材料内的输运会更有效。因此，引入 CNT 的荧光材料将作为先进功能材料而适用于低压阴极射线发光。

12.4　在荧光材料内引入碳纳米管的其他优势

与传统导电成分相比，CNT 因其独特的性质而具有优良的性能。CNT 的结构单元为六元苯环，由碳原子 sp^3 杂化轨道键合而形成。因此 CNT 具有非凡的机械强度，其强度是目前已知的所有材料中最高的，CNT 适用于低压阴极射线发光的特定工作条件下，不至于被入射电子束所毁坏。同时，CNT 独特的单层网状结构（由碳原子构成）入射电子束可以较容易地穿越 CNT，避免低压阴极射线发光中入射电子束的动能损耗。另一方面，CNT 具有极高的化学稳定性和熔点（在氮气氛围中，CNT 在 1 000 ℃仍能够保持结构稳定）。因此，可以在荧光材料的制备过程中引入 CNT。事实上，对于典型的荧光材料来说，可行的制备方法有多种（如燃烧法、溶胶-凝胶法、水热法、固相法、沉淀法等），所用的试剂、温度和步骤不同，使得在荧光材料的制备过程中引入 CNT 成为可能。对于一定的荧光材料，选择合适的制备方法，可以使 CNT 与荧光材料形成良好结合。此外，需要说明的是，作为导电成分，多壁 CNT 可能比单壁 CNT 更适合于引入荧光材料。其原因在于，因 CNT 巨大的比表面积（>500 m^2g^{-1}），如果多壁 CNT 的外层导电性在与荧光材料的结合中被破坏，则其内层仍不失为有效的导电成分，确保 CNT 有效的导电功能。

12.5　本章小结

低压阴极射线发光的饱和行为根源于荧光材料的绝缘性。在低压阴极射线发光特定的工作条件下，在引入 CNT 的荧光材料内部的顶端附近将形成比背景电场强得多的局域电场。在低压阴极射线发光中，一个入射电子或者其接力电子可以被 CNT 始端附近的局域电场所俘获，沿着 CNT 漂移至终端，然后在场发射过程中进入荧光材料。其效果是，电子在荧光层内得到了输运，因而荧光层上的电压及其变化幅度因而下降。当阴极射线发光中所施加的电流密度上升时，场增强效应将因而得到加强，更有利于荧光层内的电子输运。低压阴极射线发光的饱和行为因场增强效应而得到抑制，其作用等效于改善荧光材料的导电性。此外，从结构、形貌及稳定性等方面来看，将 CNT 作为导电成分引入荧光材料具有突出的优势。

第13章 以碳纳米管/石墨烯合作导电成分改善荧光材料导电性

低压阴极射线发光的饱和行为根源于荧光材料的绝缘性。基于复合导电材料的电渗理论,将 CNT 和石墨烯(GPN)导电成分同时引入荧光材料以提高荧光材料导电性。其中,CNT 因具有一维结构,作为导电通道便于电荷传输;而 GPN 因具有二维结构而易于在原本孤立的 CNT 之间形成互联,便于搭建导电网络。在导电网络中,CNT 与 GPN 之间因具有形貌互补性而存在合作效应,当 CNT/GPN 具有合适的引入比时,荧光材料内形成导电网络的电渗阈值将大幅下降。在荧光材料内引入 CNT/GPN 合作导电成分后,低压阴极射线发光的性能得到了明显改善。

13.1 CNT 及 GPN 作为导电成分的优异性能

与传统导电成分相比,CNT 与 GPN 因其独特的性质而具有优良的性能。CNT 与 GPN 的结构单元为六元苯环,由碳原子借助 sp^3 杂化轨道而构成,所以 CNT 和 GPN 具有极高的机械强度,其强度是所有已知材料中最高的,CNT 和 GPN 可以引入荧光材料中,在低压阴极射线发光的特定工作条件下,不至于被入射电子束所损毁。与此同时,因 CNT 和 GPN 具有由碳原子构成的单层或多层网状结构,入射电子束可以穿过 CNT 和 GPN,极大地降低低压阴极射线发光中入射电子束的能量损失。CNT 具有纳米量级的一维形貌,微米量级的长度,包括单层 CNT 和多层 CNT;而 GPN 具有微米量级的二维形貌,包括单层 GPN 和多层 GPN。CNT 和 GPN 均具有极佳的导电性,电导率在约 10^5 S/cm 数量级。鉴于 CNT 和 GPN 具有独特的形貌和优良的导电性,可以预期引入 CNT/GPN 合作导电成分的荧光材料将具有极低的电渗阈值。此外,CNT 和 GPN 具有极高的化学稳定性和极高的熔点,因而可能在荧光材料制备过程中引入 CNT 和 GPN,实现制备过程的兼容性。作为导电成分,多壁 CNT 和多层 GPN 将比单壁 CNT 和单层 GPN 更适合引入荧光材料中。原因在于,CNT 和 GPN 具有极大的比表面积,如果 CNT 的外壁或 GPN 的外层在与荧光材料的结合中导电性能被破坏,则其内壁或内层仍起到导电作用,确保 CNT 和 GPN 的导电作用。需要说明的是，作为纳米量级的导电成分，CNT 和 GPN 具有相当高的表面能而易于团聚。为了在荧光材料内获得尽量低的电渗阈值，CNT 和 GPN 在引入荧光材料过程中需要得到充分的分散。

实验中，采用 Y_2O_3：Eu^{3+} 典型高阻荧光材料为基质，合成多壁掺杂 CNT 的 Y_2O_3：Eu^{3+} 和多层掺杂 GPN 的 Y_2O_3：Eu^{3+} 荧光材料，给出相应的电阻率-导电成分含量关系，研究荧光材料内 CNT 和 GPN 独特的导电机制，如图 13.1 所示。

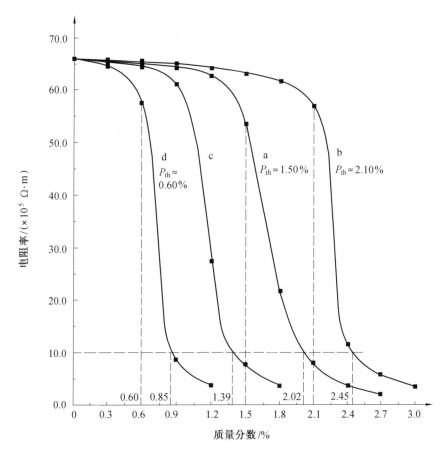

图 13.1　引入导电成分的 $Y_{1.9}Eu_{0.1}O_3$ 荧光材料的电阻率-导电成分引入量关系

a—引入CNT；b—引入GPN；c—引入CNT/GPN（2∶1）；d—引入CNT/GPN（1∶1.3）

多壁掺杂 CNT 的 Y_2O_3：Eu^{3+} 的电阻率-导电成分引入量关系如图 13.1 曲线 a 所示，据此关系可以近似得出电渗阈值为 1.50%。该电渗阈值是较低的，根源于 CNT 的一维形貌（长径比>1 000）和极高的电导。虽然荧光材料内 CNT 的方向将随机分布，但在外加电压下，每个 CNT 的方向都具有平行于荧光材料内电场方向的分量。因此，从电荷传输的观点看，CNT 具有明显的优点。但鉴于 CNT 的一维形貌，毗邻的 CNT 将具有极小的机会彼此接触。这意味着 CNT 的形貌并不适于构成三维导电网络，尚有一定的余地以进一步降低电渗阈值。

多层掺杂 GPN 的 Y$_2$O$_3$：Eu^{3+}的导电性-导电成分引入量关系如图 13.1 曲线 b 所示，据此关系可以近似得出电渗阈值为 2.10%。该电渗阈值较低，根源于 GPN 的二维形貌（尺寸在微米量级）和极高的电导率。在荧光材料中，GPN 因其二维形貌而具有较高的接触概率。因此，从构建三维导电网络的观点来看，GPN 具有明显的优点。然而从电荷传输的观点来看，GPN 的二维形貌和微米量级的尺寸并不适合构成电渗阈值相当低的导电网络，尚有一定的余地以进一步降低电渗阈值。

13.2　降低电渗阈值的途径

既然 CNT 和 GPN 具有不同的形貌特征，可以预期，当 CNT 和 GPN 作为导电成分被同时引入荧光材料中以构建三维导电网络时，将因其形貌互补而产生合作效应。因 CNT 和 GPN 之间的形貌互补性，在荧光材料内所形成三维导电网络的构型将得到极大优化，极大地降低其电渗阈值。在由 CNT 和 GPN 所构建的导电网络中，除了物理接触之外，量子隧道效应也将在形成导电互连中起到一定的作用。在图 13.2 中，掺杂 CNT 与 GPN 的 Y$_{1.9}$Eu$_{0.1}$O$_3$的 XRD 图样几乎与 Y$_2$O$_3$：Eu^{3+}的 XRD 图样完全一致，均呈现 Y$_2$O$_3$立方相，表明荧光材料的晶相并没有因 CNT 和 GPN 的引入而受到影响。

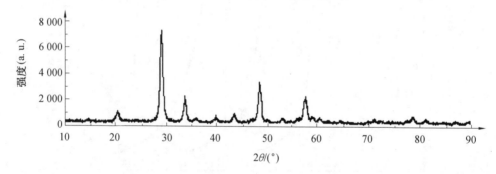

（a）碳纳米管与石墨烯共同掺杂的Y$_{1.9}$Eu$_{0.1}$O$_3$荧光材料

（$\varphi_{CNT}+\varphi_{GPN}$=1.2%，引入比 $\varphi_{CNT}/\varphi_{GPN}$ =1/1.3）

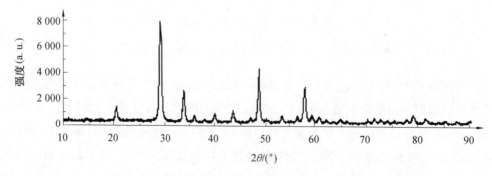

（b）Y$_{1.9}$Eu$_{0.1}$O$_3$ 荧光材料

图13.2　CNT与GPN共同掺杂的Y$_2$O$_3$：Eu^{3+}荧光材料和Y$_2$O$_3$：Eu^{3+}荧光材料的XRD谱图

依据复合导电材料的电渗理论，当引入不同的导电成分 A，B，C，…时，不同导电成分之间在构建导电网络上不存在合作效应而使复合导电材料具有电阻率 ρ 时，则复合导电材料中不同导电成分的质量分数 φ_A，φ_B，φ_C，…将符合线性混合规则，即

$$\frac{\varphi_A}{\varphi_A(\rho)} + \frac{\varphi_B}{\varphi_B(\rho)} + \frac{\varphi_C}{\varphi_C(\rho)} + \cdots = 1 \qquad (13.1)$$

式中，$\varphi_A(\rho)$，$\varphi_B(\rho)$，$\varphi_C(\rho)$，…分别为单独引入一种导电成分 A，B，C，…而使复合导电材料具有电阻率 ρ 时，A，B，C，…各自的质量分数。实验中获得的数据如图 13.1 所示，对于掺杂 CNT 的 Y_2O_3：Eu^{3+}，$\varphi_{CNT}(1.0 \times 10^6\ \Omega \cdot m) = 2.02\%$；对于掺杂 GPN 的 Y_2O_3：Eu^{3+}，$\varphi_{GPN}(1.0 \times 10^6\ \Omega \cdot m) = 2.45\%$。在复合导电材料 CNT 与 GPN 掺杂 Y_2O_3：Eu^{3+}（$\rho = 1.0 \times 10^6$ $\Omega \cdot m$）中，当 CNT 和 GPN 的引入比设为 $\varphi_{CNT}/\varphi_{GPN} = 2/1$，而 CNT 和 GPN 之间不存在合作效应时，则 CNT 和 GPN 的引入量分数可以依据式（13.1）而求得：$\varphi_{CNT} = 1.43\%$，$\varphi_{GPN} = 0.72\%$，总引入量为 $\varphi_{CNT} + \varphi_{GPN} = 2.15\%$。

而实验表明，实际的总引入量为 1.39%，明显低于计算结果，如图 13.1 中曲线 c 所示。此外，在复合导电材料 CNT 与 GPN 掺杂 Y_2O_3：Eu^{3+}（$\rho = 1.0 \times 10^6$ $\Omega \cdot m$）中，当 CNT 和 GPN 的引入比设为 $\varphi_{CNT}/\varphi_{GPN} = 1/1.3$，而 CNT 和 GPN 之间不存在合作效应时，则 CNT 和 GPN 的引入量可以依据式（13.1）而求得：$\varphi_{CNT} = 0.97\%$，$\varphi_{GPN} = 1.26\%$，总引入量为 $\varphi_{CNT} + \varphi_{GPN} = 2.23\%$。而实验表明，实际的总引入量为 0.85%，明显低于计算结果，如图 13.1 中曲线 d 所示。与依据线性混合规则（式（13.1））的计算结果相比，实验数据相对较低，表明在荧光材料中，CNT 和 GPN 在构建三维导电网络时存在合作效应。在引入 CNT/GPN 的荧光材料中，CNT 和 GPN 在构建三维导电网络时各自起到不同的作用。CNT 因其一维形貌而倾向于作为电荷传输的导电通道；而具有二维形貌的 GPN 倾向于在孤立 CNT 之间构成导电互连。鉴于 CNT 和 GPN 之间因形貌互补性而产生的合作效应，较低的总引入量（$\varphi_{CNT} + \varphi_{GPN}$）便实现了复合导电材料一定的电导，实现了引入 CNT/GPN 的荧光材料较低的电渗阈值。当合适设定 CNT 和 GPN 的引入比（$\varphi_{CNT}/\varphi_{GPN}$），则使得复合导电材料的电渗阈值大幅度下降，CNT 和 GPN 之间因形貌互补性而产生的合作效应最为充分。CNT 和 GPN 合适的引入比应该由几种因素决定，如 CNT 的长度、GPN 的尺寸、CNT 和 GPN 的层数等。对本实验中所采用的 CNT 和 GPN 样品，可以确定，在 CNT 与 GPN 掺杂 Y_2O_3：Eu^{3+} 中，相比于 2/1 的引入比，1/1.3 的引入比更为适合，更接近最合适的引入比。实验中，当引入比为 1/1.3 时，复合导电材料的电渗阈值可以确定为 0.60%，如图 13.1 中曲线 d 所示。事实上，0.60% 的电渗阈值是实验中所得到的最低电渗阈值。

13.3 引入导电成分以改进荧光材料的低压阴极射线发光性能

在荧光材料中，在 CNT/GPN 合作导电成分总引入量不变的情况下，荧光材料导电性将随引入比的改善（最合适的引入比接近$\varphi_{CNT}/\varphi_{GPN}=1/1.3$）而大幅度提高；或者在荧光材料导电性改善幅度一定的情况下，合作导电成分的总引入量将随引入比的改善而大幅度减小。由此，在低压阴极射线发光中，激发功率 P_{excite} 的饱和行为将得到充分抑制；同时，荧光材料的固有发光效率$\eta_{phosphor}$因引入导电成分而造成的损失也将显著下降。因此，鉴于式（10.1），引入 CNT/GPN 导电成分的荧光材料将具有优良的低压阴极射线发光性能，低压阴极射线发光的饱和行为将得到充分抑制。

实验中，在典型的低压阴极射线发光工作电压（U_0=2 kV）以及不同的激发电流密度下，得到低压阴极射线发光的发射光谱，进而得到相应的光谱积分强度（CL）。图 13.3 给出了 Y$_{1.9}$Eu$_{0.1}$O$_3$、掺杂 In$_2$O$_3$ 的 Y$_{1.9}$Eu$_{0.1}$O$_3$（$\varphi_{In_2O_3}$=3%）以及 CNT 与 GPN 掺杂 Y$_{1.9}$Eu$_{0.1}$O$_3$（$\varphi_{CNT}/\varphi_{GPN}$=1/1.3，$\varphi_{CNT}+\varphi_{GPN}$=1.20%或 0.90%）的低压阴极射线发光的发射光谱。原则上说，CL 可以视作低压阴极射线发光的输出功率 P_{output}。在恒定的工作电压 U_0 下，低压阴极射线发光效率η_{cl}正比于光谱积分强度 CL 与激发电流密度 j 之比，即

$$\eta_{cl} \propto \frac{CL}{j} \tag{13.2}$$

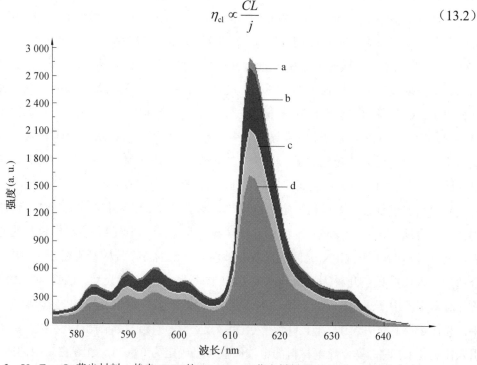

图 13.3　Y$_{1.9}$Eu$_{0.1}$O$_3$荧光材料、掺杂 CNT 的 Y$_{1.9}$Eu$_{0.1}$O$_3$荧光材料及 CNT 与 GPN 掺杂 Y$_{1.9}$Eu$_{0.1}$O$_3$荧光材料的低压阴极射线发光的发射光谱图（U_0=2 kV；j=80 μA/cm^2）

a—Y$_{1.9}$Eu$_{0.1}$O$_3$；b—掺杂 In$_2$O$_3$ 的 Y$_{1.9}$Eu$_{0.1}$O$_3$（$\varphi_{In_2O_3}$=3%）；

c—CNT 与 GPN 掺杂 Y$_{1.9}$Eu$_{0.1}$O$_3$（$\varphi_{CNT}/\varphi_{GPN}$=1/1.3，$\varphi_{CNT}+\varphi_{GPN}$=1.20%）；

d—CNT 与 GPN 掺杂 Y$_{1.9}$Eu$_{0.1}$O$_3$（$\varphi_{CNT}/\varphi_{GPN}$=1/1.3，$\varphi_{CNT}+\varphi_{GPN}$=0.90%）

因此，低压阴极射线发光的效率η_{cl}在CL-j关系的线性区域内（从$j=0$开始的），基本保持恒定值。

在典型的低压阴极射线发光工作电压（$U_0=2$ kV）下，$Y_{1.9}Eu_{0.1}O_3$荧光材料CL-j关系的线性区域相当狭小，因而其低压阴极射线发光的饱和行为明显，如图 13.4 中曲线 a 所示。对于掺杂In_2O_3的$Y_{1.9}Eu_{0.1}O_3$荧光材料（具有合适的导电成分引入量，$\varphi_{In_2O_3}=3\%$），在激发电流密度j较低时，其低压阴极射线发光效率低于$Y_{1.9}Eu_{0.1}O_3$荧光材料的相应效率，原因是与掺杂In_2O_3的$Y_{1.9}Eu_{0.1}O_3$与$Y_{1.9}Eu_{0.1}O_3$相比，其固有发光效率$\eta_{phosphor}$较低。随着激发电流密度j的上升，掺杂In_2O_3的$Y_{1.9}Eu_{0.1}O_3$的低压阴极射线发光效率最终超过了$Y_{1.9}Eu_{0.1}O_3$的相应效率，原因是对于掺杂In_2O_3的$Y_{1.9}Eu_{0.1}O_3$来说，其激发功率P_{excite}的饱和行为得到了抑制，进而其低压阴极射线发光的饱和行为得到了一定程度的抑制，如图 13.4 中曲线 b 所示。

相比之下，在抑制低压阴极射线发光的饱和行为中，CNT 与 GPN 掺杂$Y_{1.9}Eu_{0.1}O_3$荧光材料的性能明显优于掺杂In_2O_3的$Y_{1.9}Eu_{0.1}O_3$荧光材料。将 CNT/GPN 合作导电成分以较为合适的引入比（$\varphi_{CNT}/\varphi_{GPN}=1/1.3$）引入荧光材料，在总的导电成分引入量一定时，荧光材料的导电性改善更加明显。例如，当导电成分总引入量为$\varphi_{CNT}+\varphi_{GPN}=0.9\%$（或 1.2 %）时，荧光材料的电阻率从$6.60\times10^6$ $\Omega\cdot m$ 降至8.33×10^5 $\Omega\cdot m$（或3.90×10^5 $\Omega\cdot m$）。结果，对于 CNT 与 GPN 掺杂$Y_{1.9}Eu_{0.1}O_3$，其CL-j关系的线性区域得到充分扩展，相应的阴极射线发光效率得到充分改善，如图 13.4 中曲线 c 及曲线 d 所示。由上文可以得出结论，以合适的引入比将 CNT/GPN 合作导电成分引入荧光材料，会使低压阴极射线发光的饱和行为得到充分抑制，使其性能得到充分改善。

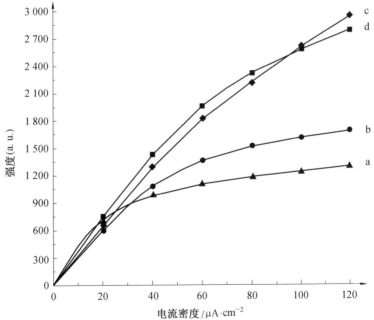

图 13.4　$Y_{1.9}Eu_{0.1}O_3$、掺杂In_2O_3的$Y_{1.9}Eu_{0.1}O_3$及 CNT 与 GPN 掺杂$Y_{1.9}Eu_{0.1}O_3$的光谱积分强度与电流密度的关系
a—$Y_{1.9}Eu_{0.1}O_3$；b—掺杂In_2O_3的$Y_{1.9}Eu_{0.1}O_3$（$\varphi_{In_2O_3}=3\%$）；
c—CNT 与 GPN 掺杂$Y_{1.9}Eu_{0.1}O_3$（$\varphi_{CNT}/\varphi_{GPN}=1/1.3$，$\varphi_{CNT}+\varphi_{GPN}=1.20\%$）；
d—CNT 与 GPN 掺杂$Y_{1.9}Eu_{0.1}O_3$（$\varphi_{CNT}/\varphi_{GPN}=1/1.3$，$\varphi_{CNT}+\varphi_{GPN}=0.90\%$）

13.4　本章小结

以合适的引入比引入 CNT/GPN 合作导电组分合成 CNT 与 GPN 掺杂 $Y_{1.9}Eu_{0.1}O_3$ 荧光材料，在 CNT/GPN 较低的总质量分数下即实现了导电性的充分改善。荧光材料固有发光效率所受的影响显著下降，同时低压阴极射线发光激发功率的饱和行为得到了充分抑制，使得低电压阴极发光性能得到了明显的改善。与传统导电成分相比，极高的机械强度和独特的网状结构是 CNT 和 GPN 作为导电成分的突出优势，在阴极射线激发荧光材料过程中 CNT 和 GPN 不致损毁，并且很容易被入射电子束击穿，从而避免入射电子束的动能消耗。同时，由于 CNT 和 GPN 可靠的化学稳定性和极高的熔点，因此可以在荧光粉材料的制备过程中引入 CNT 和 GPN。此外，如果多壁 CNT 的外壁或多层 GPN 的表面层导电性在与荧光体材料结合中受到影响，则其内壁或内层导电性能仍然不受影响，确保了 CNT 和 GPN 的导电功能。

参 考 文 献

[1] JUSTEL T, LADE H, MAYR W. Thermoluminescence spectroscopy of Eu^{2+} and Mn^{2+} doped $BaMgAl_{10}O_{17}$ [J]. J. Lumin., 2002, 101: 195-210.

[2] WEI Z, SUN L, LIAO C, et al. Size dependence of luminescent properties for hexagonal YBO_3: Eu nanocrystals in the vacuum ultraviolet region [J]. J. Appl. Phys., 2003, 93: 9783-9788.

[3] JUDD B R. Optical absorption intensities of rare-earth ions [J]. Phys. Rev., 1962, 127: 750-761.

[4] OFELT G S. Intensities of crystal spectra of rare-earth ions [J]. J. Chem Phys., 1962, 37: 511-520.

[5] 李建宇. 稀土发光材料及其应用 [M]. 北京：化学工业出版社，2003.

[6] BUIJS M, MEYERIND A, BLASSE G. Energy transfer between Eu^{3+} ions in a lattice with two different crystallographic sites: Y_2O_3: Eu^{3+}, Gd_2O_3: Eu^{3+} and Eu_2O_3 [J]. J. Lumin., 1987, 37: 9-20.

[7] HAO J H, STUDENIKIN S A, MICHAEL C. Blue, green and red cathodolumjnescence of Y_2O_3 phosphor films prepared by spray pyrolysis [J]. J. Lumin., 2001, 93: 313-319.

[8] JOFFIN N, VERELST M, BARET G. The influence of microstructure on luminescent properties of Y_2O_3: Eu prepared by spray pyrolysis [J]. J. Lumin., 2005, 113: 249-257.

[9] JONG S, SUNG B K. Photoluminesce charcteristics of Li-doped $Y_2O_3:Eu^{3+}$ thin film phosphors [J]. Thin Solid Films., 2005, 471: 224-229.

[10] SONG H, WANG J B, CHEN L S. Size-dependent electronic transition rates in cubic nanocrystalline europium doped yttria [J]. Chem. Pbs. Lett., 2003, 376:1-5.

[11] SHANG C Y, SHANG X H, QU Y Q, et al. Investigation on the red shift of charge transfer excitation spectra for nano-sized $Y_2O_3:Eu^{3+}$ [J]. Chemical Physicis Letters, 2011, 501: 480.

[12] SHANG C Y, SHANG X H, QU Y Q. Quenching mechanisms of the optical centers in Eu^{3+}-doped nano-phosphors under charge transfer excitation [J]. Journal of Applied

Physics., 2010, 108: 094328.

[13] 孙家跃, 杜海燕, 胡文祥. 固体发光材料[M]. 北京: 化学工业出版社, 2003.

[14] 徐叙瑢, 苏勉曾. 发光学与发光材料[M]. 北京: 化学工业出版社, 2004.

[15] SHANG C Y, DU Y Q, KANG H. Introduction of inorganic nano-particles into a polymer matrix to restrain the initiation and propagation of electrical trees in the corona condition [J]. RSC Advances, 2017, 7: 53497-53502.

[16] XU J H, YU L H, DONG S R, et al. Structure transition of BN layers and its influences on the mechanical properties of AlN/BN nanomultilayers [J]. Thin Solid Films, 2008, 516: 8640-8645.

[17] XIE P, DUAN C, ZHANG W, et al. Research on quenching concentration of nanocrystalline Y$_2$SiO$_5$: Eu [J]. Chin. J. Lumin., 1998, 19: 19-23.

[18] TAO Y, ZHAO G, ZHANG W, et al. Combustion synthesis and photo-luminescence of nanocrystalline Y$_2$O$_3$: Eu phosphors [J]. Materials Research Bulletin, 1997, 32: 501-506.

[19] ZHANG W W, XU M, ZHANG W P, et al. Site-selective spectra and time-resolved spectra of nanocrystalline Y$_2$O$_3$: Eu^{3+} [J]. Chem. Phys. Lett., 2003, 376: 318-323.

[20] YU M, LIN J, FANG J. Silica spheres coated with YVO$_4$:Eu^{3+} layers via sol-gel process: a simple method to obtain spherical core-shell phosphors [J]. Chem. Mater., 2005, 17:1783-1791.

[21] WANG L, LI P, LI Y D. Down-and up-conversion luminescent nanorods [J]. Adv. Mater., 2007, 19: 3304-3307.

[22] SHANG C Y, JIANG H B, SHANG X H, et al. Investigation on the luminescence improvement of nano-sized La$_2$O$_3$:Eu^{3+} phosphor under charge transfer excitation [J]. Journal of Physical Chemistry C, 2011, 115: 2630.

[23] SHANG C Y, WANG X Q, CHENG Z Y, et al. Mechanisms in the saturation behavior for low voltage cathodoluminescence [J]. Journal of Applied Physics, 2013, 113: 093101.

[24] SHANG C Y, ZHAO J X, WANG X Q, et al. Investigation on the conductivity-dependent performance in low voltage cathodoluminescence [J]. Physical Chemistry Chemical Physics, 2015, 17: 9936.

[25] ZHANG W P, YIN M. Preparation and properties of nanometric scale luminescent materials doped by rear earth [J]. Chin. J. Lumin., 2000, 21: 314-319.

[26] ZHANG M, BANDO Y, WADA L, et al. Synthesis of nanotubes and nanowires of silicon oxide [J]. J. Mater. Sci. Lett., 1999, 18: 1911-1913.

[27] LI H B. Oriented nano-structured ZrO₂ thin films on fused quartz substrate by sol-gel process [J]. J. Mater. Sci. Lett., 2001, 20: 1301-1303.

[28] TANG Q, ZHOU W J, SHEN J M, et al. A template-free aqueous route to ZnO nanorod arrays with high optical properties [J]. Chem. Comm., 2004, 20: 712-713.

[29] CHEN D R, XU R R. Hydrothermal synthesis of nanoerystalline ZrO₂ center doped 3% Y₂O₃ powders with a tetragonal phase from 2-methoxyethanol-water system [J]. J. Chin. Univ-Chin., 1998, 19: 1-4.

[30] WANG X, ZHUANG J. A general strategy for nanocrystal synthesis [J]. Nature, 2005, 437:121-124.

[31] LIAN H, ZHANG M, LIU J, et al. Synthesis and spectral properties of lutetium-doped CeF₃ nanoparticles [J] Chem. Phys. Lett., 2004, 395: 362-365.

[32] QI Z M, SHI C S, ZHANG W W, et al. Local structure and luminescence of nanocrystalline Y₂O₃: Eu [J]. Appl. Phys. Lett., 2002, 81: 2857-2859.

[33] SHANG C Y, FAN H G, BU S, et al. Investigation on the CT excitation spectrum for nano-sized Y₂O₃:Eu³⁺ [J]. Chemical Physicis Letters, 2013, 102: 577.

[34] DIEKE G H. Spectra and energy levels of rare earth ions in crystals [J]. J. lumin., 2005, 113: 249-257.

[35] SHANG C Y, WANG X Q, KANG H, et al. Charge transfer energy for Y₂O₃:Eu³⁺ nano-phosphor [J]. Journal of Applied Physics, 2011, 109: 104309.

[36] 郭硕鸿. 材料热力学[M]. 上海: 上海交通大学出版社, 1999.

[37] SHANG C Y. Electric field-dependent conductivity achieved for carbon nanotube-introduced ZnO matrix [J]. RSC Advances, 2015, 5: 16993.

[38] 王盘鑫. 粉末冶金学[M]. 北京: 冶金工业出版社, 2005.

[39] 黄培云. 粉末冶金原理[M]. 北京: 冶金工业出版社, 1997.

[40] SHANG C Y. Introduction of carbon nano-tube/graphene cooperating conductive components into the phosphor to restrain the saturation behavior in low voltage cathodoluminescence [J]. Chemical Physics Letters, 2017, 675: 75-80.

[41] SHANG C Y. Introduction of cooperating conductive components into the phosphor to improve the low voltage cathodoluminescence [J]. J. Lumin., 2013, 138: 182.

[42] SHANG C Y. Introduction of carbon nano-tubes into the phosphor to restrain the saturation behavior in low voltage cathodoluminescence [J]. Physical Chemistry Chemical Physics, 2016, 18: 3482-3488.

[43] ZHANG H, LI H F. Synthesis and characterization of ultrafine nanoparticles modified by catanionic surfactant via a reverse micelles route [J]. J. Colloid Interface Sci., 2006, 302: 509-515.

名 词 索 引